中等职业教育西餐烹饪专业教材

「互联网+」新形态教材

西点制作技术

邵泽东　韩　伟◎主编

中国轻工业出版社

图书在版编目（CIP）数据

西点制作技术 / 邵泽东，韩伟主编. —北京：中国轻工业出版社，2023.9

中等职业教育西餐烹饪专业教材

ISBN 978-7-5184-4068-9

Ⅰ. ①西… Ⅱ. ①邵… ②韩… Ⅲ. ①西点—制作—中等专业学校—教材 Ⅳ. ①TS213.23

中国版本图书馆CIP数据核字（2022）第127151号

责任编辑：贺晓琴　　责任终审：李建华　　整体设计：锋尚设计
策划编辑：史祖福　贺晓琴　　责任校对：宋绿叶　　责任监印：张　可

出版发行：中国轻工业出版社（北京东长安街6号，邮编：100740）
印　　刷：艺堂印刷（天津）有限公司
经　　销：各地新华书店
版　　次：2023年9月第1版第1次印刷
开　　本：787×1092　1/16　印张：10.25
字　　数：230千字
书　　号：ISBN 978-7-5184-4068-9　定价：39.00元
邮购电话：010-65241695
发行电话：010-85119835　传真：85113293
网　　址：http://www.chlip.com.cn
Email：club@chlip.com.cn
如发现图书残缺请与我社邮购联系调换
191065J3X101ZBW

前言

PREFACE

随着我国人民生活水平的提高、餐饮市场的快速发展以及消费结构的转变，面包、蛋糕、酥点等西式甜品受到广大人民群众的欢迎，西点制作人才的市场需求量也越来越大，这也给西式面点师这一职业带来了良好的发展空间。“西点制作技术”课程旨在培养西式面点师，为企业西式面点制作岗位培养储备人才。

本教材作为中等职业教育西餐烹饪专业教材之一，在编写中始终以西餐烹饪专业的培养目标为指导思想，体现现代职业教育新理念，既注重知识的传授，更突出能力的培养，突出人才的专业技能性和岗位指向性。教材内容遵循学生的认知规律，紧密结合岗位工作任务，突出西点操作技能的实际运用，将西点理论知识与实践操作有机融合在一起。

本教材共分为三个模块八个项目，模块一为西点厨房的工具和设备；模块二为西点基础知识，主要介绍西点概述、西点原料和西点制作基础；模块三为西点制作工艺与制作实例，详细介绍了面包、蛋糕和点心的制作工艺与制作实例。内容的编排既有利于教师教学安排也有利于学生学习和掌握，更有利于学生实践操作技能的提高和职业习惯的养成。在表现形式上，书内配套了大量图片和制作视频，使文字叙述和图片、视频紧密结合，增强了技能操作的可模仿性。

由于编写时间仓促，缺点遗漏在所难免，恳请专家、同行及广大读者批评指正。

编　者

2022年12月

目录
CONTENTS

模块一

西点厨房的工具和设备

【模块导读】

随着人们物质生活水平的不断提高，对西点品质的要求越来越高，健康、营养、美味、美观的西点越来越受欢迎，为迎合市场需求，需要现代厨房具备完备、先进的设施设备和操作工具，提高厨房工作者工作效率，能保证产品质量，提高生产标准才能满足市场需求。

项目一
西点厨房的工具

【项目描述】

西点厨房中的工具种类比较多，根据工具的用途不同，通常可以将其分为衡量工具、搅拌工具、成形工具、模具工具和其他工具。

【学习目标】

1. 通过学习，能辨认西点制作过程中常用的工具。
2. 通过学习，能掌握常用工具的正确使用方法。
3. 通过学习，能根据具体成品选择适合的工具。
4. 通过学习，能正确安全地使用各种工具。

一、衡量工具

衡量工具在西点制作中发挥着极其重要的作用，如称量西点原料、测量温度等，在西点中常用的衡量工具有电子秤、量杯、量匙、尺子、温度计等。

1. 电子秤

电子秤是采用现代传感器技术、电子技术和计算机技术一体化的电子称量装置，能够满足快速、准确、连续、自动的称量要求。电子秤主要由承重系统（如秤盘、秤体）、传力转换系统（如杠杆传力系统、传感器）和示值系统（如刻度盘、电子显示仪表）三部分组成。电子秤的数字显示直观，能减小人为误差，准确度高、分辨率强，称量范围广。

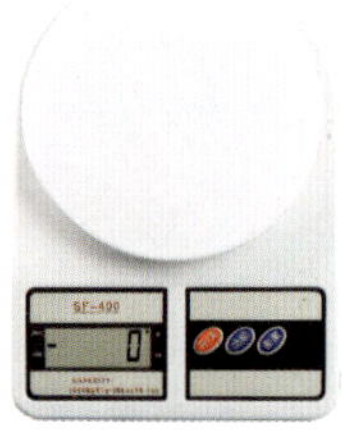

电子秤

2. 量杯

量杯是量液体体积的器具，形状像杯，口比底大，杯上有刻度。量杯材质有金属、塑料和玻璃等。

量杯

3. 量匙

量匙也称量勺，量匙一般是成套的，从1汤匙、1/2汤匙、1/4汤匙；到1毫升、2毫升、5毫升、25毫升的都有，材料有塑料的，也有金属的。量匙主要用来量取调味品、添加剂等使用量较少的材料。

目前市场上已经出现了电子量匙，可以更加精准地测量材料用量。

4. 尺子

尺子一般是用来测量制品外观大小的，通常是一把有英寸标记的软尺，而且便于携带，可以省去计算的麻烦和失误。在西点中，比萨盘、蛋糕模具（圆形）的大小都是用直径的长度来标注，其单位为英寸。

5. 温度计

温度计一般是由测杆和温度刻度表两部分组成，用来测量油温、糖浆温度或面包面团等的中心温度。在厨房中常见的温度计有探针温度计、烤箱温度计、油温温度计等。

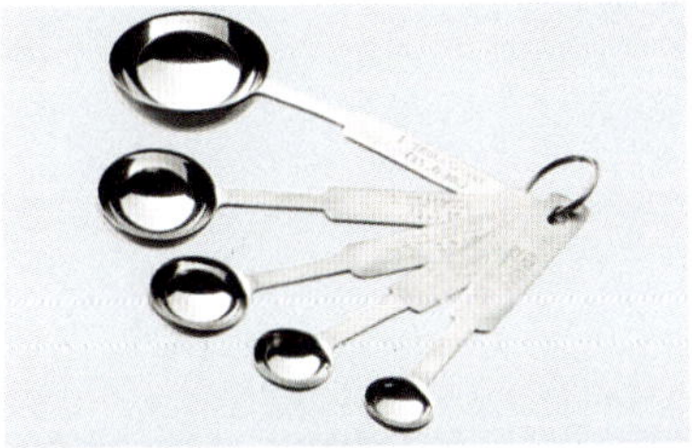

量匙

尺子

烤箱温度计

二、搅拌工具

搅拌工具在西点制作中占据十分重要的地位，常见的搅拌工具有拌料盆、打蛋器、搅板、刮板、搅拌棒等。

拌料盆

1. 拌料盆

拌料盆是用来搅拌面粉或其他配料的工具，常见的有大、中、小三种型号，材质一般是不锈钢的为主，有少数是玻璃材质和树脂材质。

2. 打蛋器

打蛋器也称蛋抽，主要用来将鸡蛋的蛋清和蛋黄打散充分融合成蛋液或单独将蛋清和蛋黄打到起泡，是制作西点时必不可少的工具之一。打蛋器分为手动打蛋器和电动打蛋器两种：手动打蛋器常见的是不锈钢材质，有不同尺寸的；电动打蛋器又可以分为手提式和座式两种。

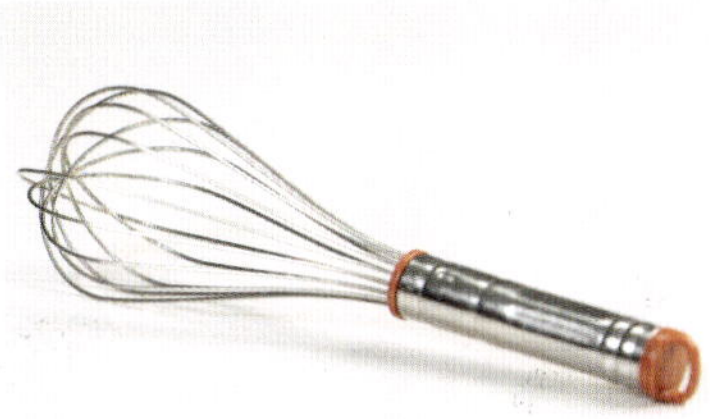

手动打蛋器

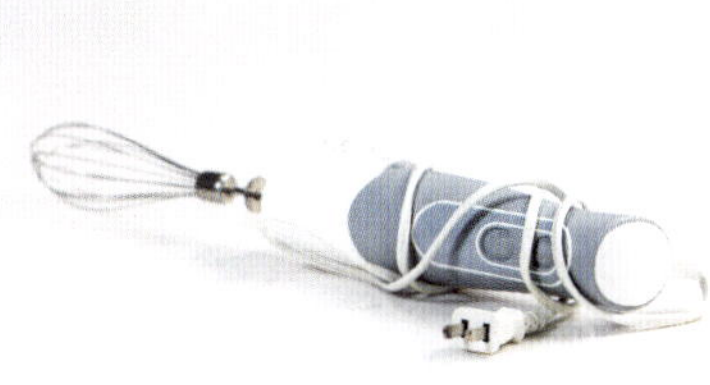

电动打蛋器

3. 搅板

搅板的材质一般是木质，前端制成板状，类似桨状，主要用来搅拌面粉或其他材料。

4. 刮板

在西点中常见的材质有塑料和不锈钢，主要用于手工和面时刮取面板周边的面粉，也可用来切割面团。

5. 搅拌棒

搅拌棒适合用来搅拌面糊、果酱、慕斯等。

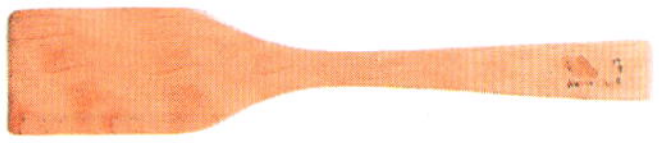
搅板

刮板

搅拌棒

三、成形工具

成形工具是西点制作过程中必不可少的工具，主要用来辅助西点制品成形，常见的成形工具有抹刀、锯齿刀、铲刀、水果刀、刮刀、轮刀、擀面杖、裱花袋、裱花嘴和转换嘴等。

1. 抹刀

抹刀的材质常见的是不锈钢材质，呈长条状，在制作蛋糕时主要用来抹平奶油，也可以用来涂抹果酱。

2. 锯齿刀

锯齿刀分为粗锯齿刀和细锯齿刀两种，锯齿刀一般用来切割面包和蛋糕。

3. 铲刀

在西点制作中，铲刀按照外形可以分为平口铲刀、斜口铲刀，主要用来制作拉糖、巧克力造型；按照用途又可以分为清洁铲刀、操作铲刀、成品铲刀，分别用来清洁工具和拿取蛋糕等。

抹刀

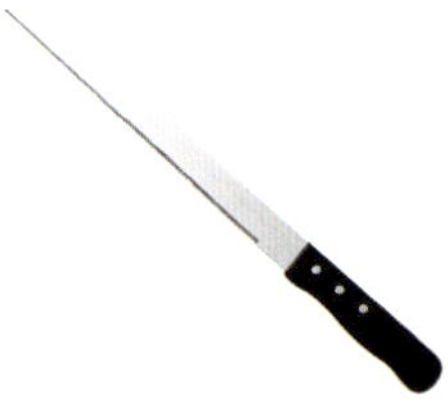
锯齿刀

铲刀

4. 水果刀

水果刀在蛋糕装饰时是必备工具，主要用来对水果进行刀工处理。

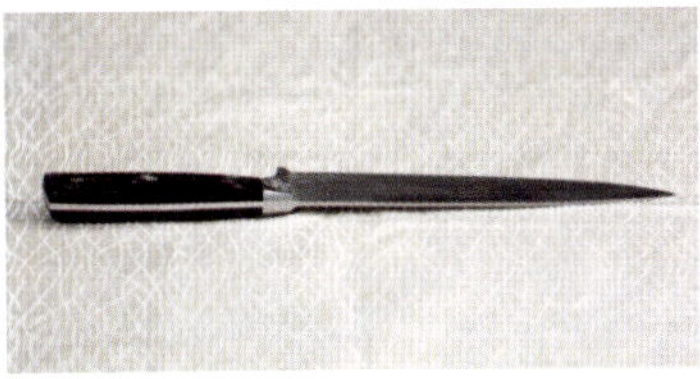

水果刀

5. 刮刀

刮刀主要是用来刮除粘在容器边缘的材料。

6. 轮刀

轮刀也称滚刀、滚动面团切割器，主要用来切割酥皮面皮，另外也是切割比萨的必备工具。

7. 擀面杖

擀面杖是由木材制成的，长短粗细不一，主要用途是擀制面皮。

8. 裱花袋

裱花袋主要用来盛装打发的淡奶油、面糊、果酱等糊状物，通常需要配合裱花嘴使用。目前常见的裱花袋有布胶袋和塑料袋两种。

9. 裱花嘴

裱花嘴主要用于蛋糕裱花、制作曲奇等产品，裱花嘴的花形样式多样，可以通过裱花嘴制作出花卉、动物等多种造型。

10. 转换嘴

转换嘴是用在裱花袋前端，用来调节花嘴旋转方向，调换花嘴的过渡装置，有着不同的规格。

刮刀

轮刀

擀面杖

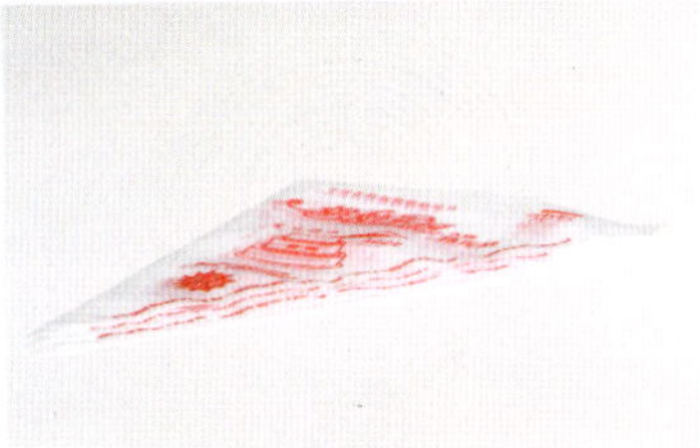

裱花袋

裱花嘴

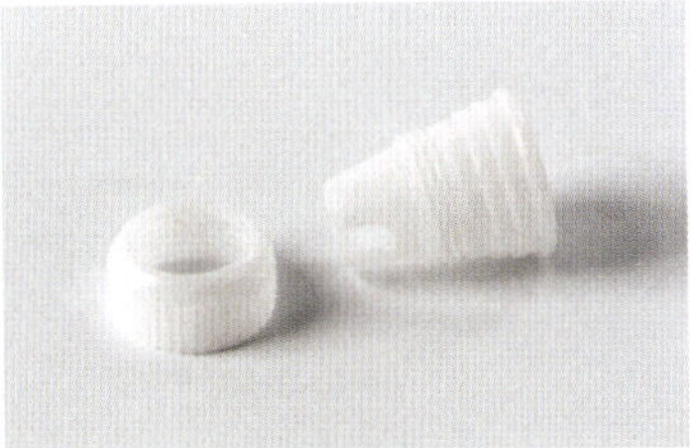

转换嘴

四、模具工具

1. 烤盘

烤盘主要用来放置西点生坯，便于烘烤的器皿，常见的材质为铁质，在使用后要清洗干净并擦干，以免生锈。常见的形状有长方形和圆形。

2. 面包模具

面包模具在西点制作中常见的是吐司模具，专门用于吐司面包的制作，形状有长方形、方形，常见的是长方形，有带盖和不带盖两种。

3. 蛋糕模具

蛋糕模具的形状有圆形、长方形、心形、中央空心、实心活动底模等，规格也分为大、中、小不同，其材质有不锈钢、铝制或纸制等。

4. 饼干模具

饼干模具的材质一般是不锈钢、铝制等，常见的饼干模具有苏打饼干的网状模、凤梨酥模具等。

5. 巧克力模具

巧克力模具主要是用于巧克力成形，其材质常见的有金属、塑料和硅胶。巧克力模具又分为阳模和阴模两种，表面凸出的称为阳模，凹进去的称为阴模。

6. 印模

印模是一种能将装饰面皮经按压切成一定形状的模具，形状有圆形、椭圆形、三角形等；切边有平口和花边口两种类型。

烤盘

面包模具

蛋糕模具

饼干模具

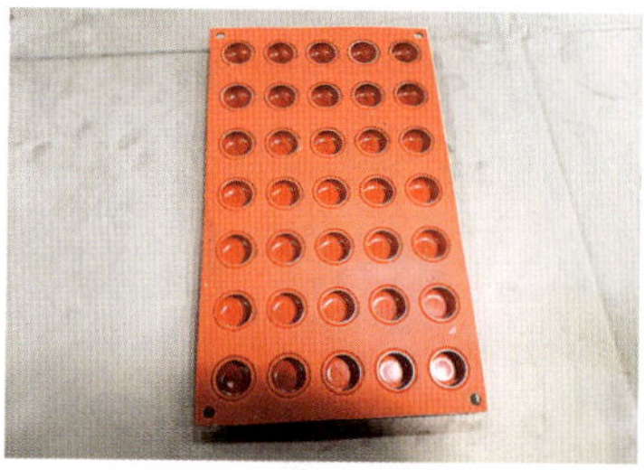

巧克力模具

印模

7. 挞模

挞模常见的形状有圆形、异形等，其材质分为不锈钢、铝合金、陶瓷以及经特氟龙处理的不粘模等。

8. 派盘

派盘的形状多是圆形的活动底模或实心模，大小规格各有不同，常用材质多为不锈钢、铝制或陶瓷等。

9. 比萨盘

比萨盘常用材质为不锈钢、铝制、陶瓷等，比萨盘多为实心底圆盘，有大小不同规格。

挞模

派盘

比萨盘

五、其他工具

1. 面筛

面筛主要用于粉状原料过筛，去除杂质和颗粒过大的原料。在西点制作中主要用来过筛面粉、糖粉、可可粉等。面筛一般是由不锈钢细丝网制成。

2. 刷子

刷子主要用于烤盘、模具内的刷油或在原料表面刷上涂层。

3. 喷笔

喷笔一般用于喷色使用，通过喷笔可以达到将色素雾化或渐变处理色彩的用途。在西点中常用于奶油表面的上色。

4. 裱花转台

裱花转台具有一个圆形可转动的台面，便于大型蛋糕的裱花装饰操作。

面筛

刷子

裱花转台

裱花转台一般用在裱花蛋糕制作时的基底，通常由底托和转盘构成，转台可旋转，方便蛋糕造型。其材质一般是铁质、塑料、塑钢、玻璃等。

5. 食品夹

食品夹，是用来夹取食品的夹子，一般是有弹性的“U”字形夹钳，其材质通常是不锈钢或塑料。

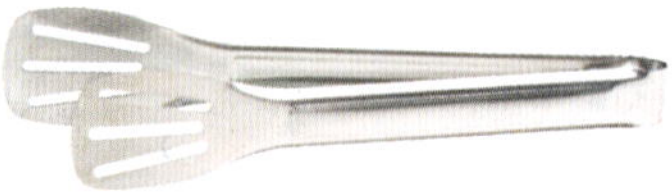

食品夹

6. 案板

案板常见的有木案板、不锈钢案板和大理石案板等，一般是长方形，通常是用于制作西点的工作台。

7. 砧板

砧板，也称菜板，是用于刀具切割食材时的垫板，砧板的种类繁多，一般有木砧板、塑料砧板和竹砧板，在西点中通常选用塑料砧板。

8. 不粘垫

不粘垫在西点制作中是常见的，具有耐高温、不粘黏的特性。目前市面上常见的是一种硅胶垫，内置玻璃纤维，具有优良的耐久性，重量轻且易于操作，以及有优异的脱模能力。不粘垫使用寿命长，烘烤时无需刷油及铺不粘纸。

9. 裱花棒

裱花棒是配合花托裱挤花卉的专用工具，一般是铁制或塑料制，呈锥形。

10. 耐高温手套

耐高温手套一般为棉质的，主要用来拿取烤箱内的烤盘或经过高温加热的容器。

11. 喷火枪

喷火枪是西点常用工具之一，主要用于慕斯蛋糕脱模，或者用于西点特色装饰，如白砂糖的焦化等。

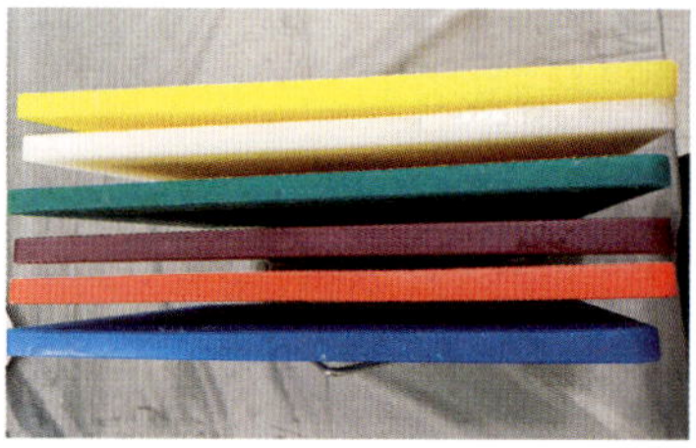

案板

砧板

不粘垫

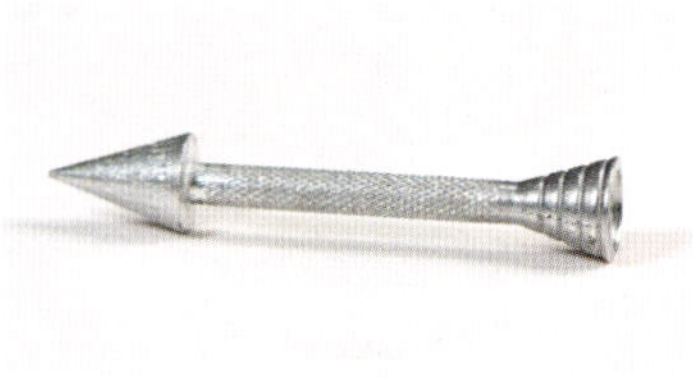

裱花棒

耐高温手套

喷火枪

12. 喷壶

喷壶一般用于西点的喷色或半成品的保湿。

13. 油纸

油纸主要是用来制作比萨、蛋糕、饼干时垫在食物底部，以保证烤盘的干净，有不粘的效果。

14. 蛋糕脱模刀

蛋糕脱模刀主要用于蛋糕脱模。

15. 蛋清分离器

蛋清分离器主要用来分离蛋清使用，材质有不锈钢和塑料等。

喷壶

油纸

蛋清分离器

思考题

1. 西点衡量工具主要有哪些?
2. 西点搅拌工具主要有哪些?
3. 西点成形工具主要有哪些?
4. 西点模具工具主要有哪些?

项目二
西点厨房的设备

【项目描述】

西点厨房中的设备有别于其他厨房设备，其中很多是西式面点的专用设备，根据用途我们将西点厨房设备分为加工设备、加热和保温设备、冷冻冷藏设备以及其他设备。

【学习目标】

1. 通过学习，能辨认西点常用的设施设备。
2. 通过学习，能掌握常用设施设备与器具的具体操作方法。
3. 通过学习，能根据具体成品选择适合的设施设备。
4. 通过学习，能正确地使用各种设备。

一、加工设备

1. 搅拌机

搅拌机是西点制作工艺中常用的一种厨房设备，主要用于搅拌面团、打发奶油、蛋白膏等。一般使用的搅拌机多为立式，主要用来搅拌面团，此外还有小型的台式搅拌机和手提式搅拌机，功率和搅拌能力相对较低，主要用来搅打奶油、面糊、蛋白膏等。

搅拌机

2. 和面机

和面机分为立式和卧式两种类型，主要用于搅拌各种粉料，用来调制酥性面团、水调面团等多种不同性质的面团，是西点制作中最常用的厨房设备。卧式和面机结构简单，运行稳定，使用方便；立式和面机对面团的拉、抻、揉的作用大，面团中面筋质的形成充分，利于面包内部形成良好的组织结构。

和面机

3. 起酥机

起酥机，又称开酥机，主要是用来制作酥皮、蛋挞、千层酥等各种酥类面皮，起酥机可以将面团轧成多层次的薄片，使面皮酥软均匀，目前市场上的起酥机一般采用减速电机，操作简单，速度快，压面准确均匀，不粘面，厚薄均匀，效率高。

4. 面团分割机

面团分割机是主要用于面团、面包条分割/分块的机器，能有效避免人工分割/分块造成的大小不等的问题。其工作效率高，分割速度快，分割均匀，安全卫生，适用于各种面包、蛋糕等面团的切割和成形。

5. 面团滚圆机

面团滚圆机是将经分割得到的小面团通过机器的滚动与摩擦，形成有光滑表皮的圆形面团，以适应下一道工序的需要。目前市场上已经出现了面团分割功能和滚圆功能集合的多功能设备。

6. 面包整形机

面包整形机，也称为面包成形机，是一种碾压面团，给碾压后的面团充分排气，具有一定的拉伸性，保湿效果好的机器。目前市场上常见的有吐司面包成形机和花色面包成形机两种。吐司面包成形机主要用于吐司面包制作，由进料斗、辊筒、链排、压板、输送带、传动装置等部件组成。花色面包成形机有各种不同的形状，根据所制作面包种类的不同而定，如有的可做成法棍形，有的可做成牛角形，有的可做成长棍形等。

7. 面包切片机

面包切片机主要用于将面包切片，在操作中可将切割厚薄控制在设定的范围内，使面包片薄厚一致。

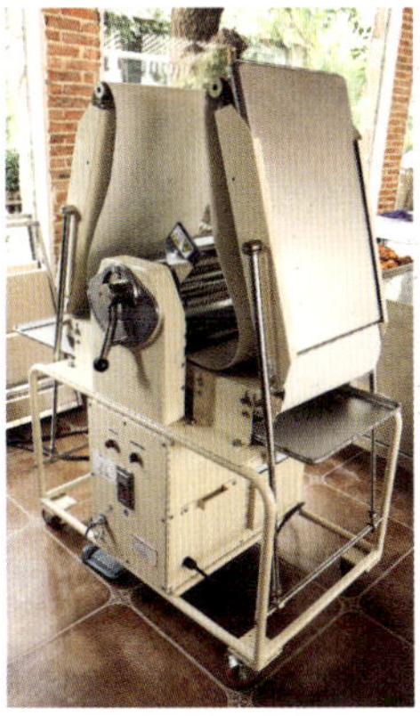
起酥机

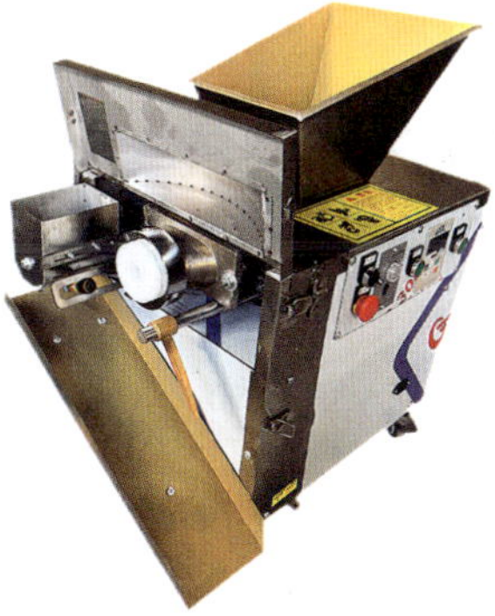
面团分割机

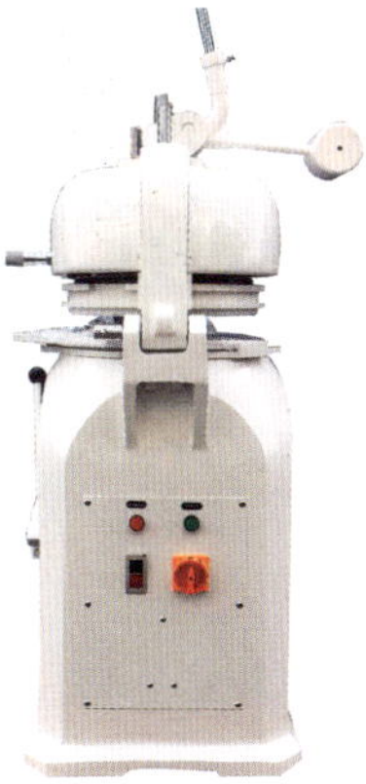
面团滚圆机

面包切片机

二、加热和保温设备

1. 烤箱

烤箱是一种密封的用来烤食物的设备，在西点制作过程中是必不可少的设备。常见的烤箱分为燃气烤箱和电烤箱两种，烘烤的温度最高能达到300℃。

2. 万能蒸烤箱

万能蒸烤箱是西点厨房的常用设备，它集蒸和烤于一体，同时具备了蒸箱和烤箱的功能，加热方式一般为电加热，依靠风机进行热循环达到蒸烤的目的。

3. 面包醒发箱

面包醒发箱主要是用于面包面团醒发，它是利用电热管通过温度控制电路加热箱内水盘的水，使之产生相对湿度为80%～85%、温度为35～40℃的最适合发酵环境，是西点的常用设备。

4. 食品保温灯

食品保温灯是通过保温灯发出的红外光线加热和保温食品，在西点中主要用作西点产品的保温。

5. 炸炉

在西点厨房中常见的有单缸、双缸、三缸炸炉，用来制作需要油炸的西点产品，常见的加热方式有燃气、电热丝加热。目前在西点厨房中，常用的是电炸炉，具有自动调温、控温、恒温功能，导热快，受热均匀。

6. 巧克力熔炉

巧克力熔炉是制作和调制巧克力溶液必用的设备，是双层隔水、可调控温设备，可根据制作巧克力需要进行调节，温度可控制在20～100℃。

烤箱

万能蒸烤箱

面包醒发箱

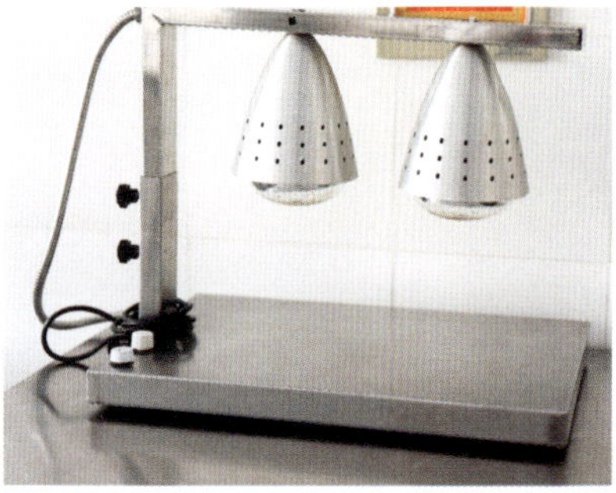

食品保温灯

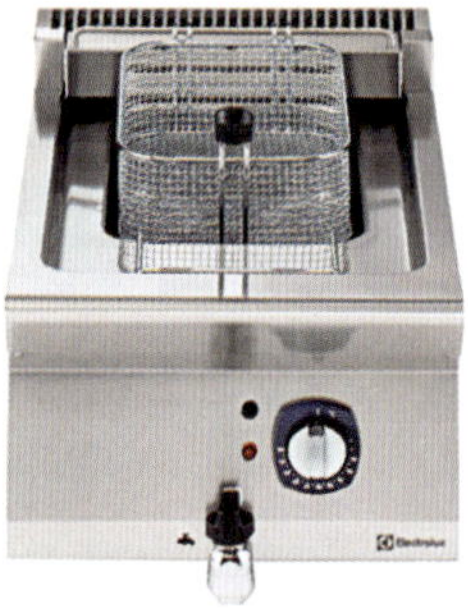

炸炉

巧克力熔炉

三、冷冻冷藏设备

1. 冰箱

冰箱主要有小型冷藏库、冷藏箱和电冰箱。这些设备的共同特点是都具有隔热保温的外壳和制冷系统。按冷却方式分为直冷式和风扇式两种，冷藏温度范围为-40～10℃，并具有自动恒温控制、自动除霜等功能。

2. 展示冰柜

展示冰柜，镀铬大圆角豪华造型，上有大圆弧玻璃，四面可视箱内物品，后侧推拉门，存取方便。顶部配备照明灯管，箱底配备可移动角轮，自由、灵活。可以选配立体支架，储物量大。用来展示部分面包、蛋糕制品。

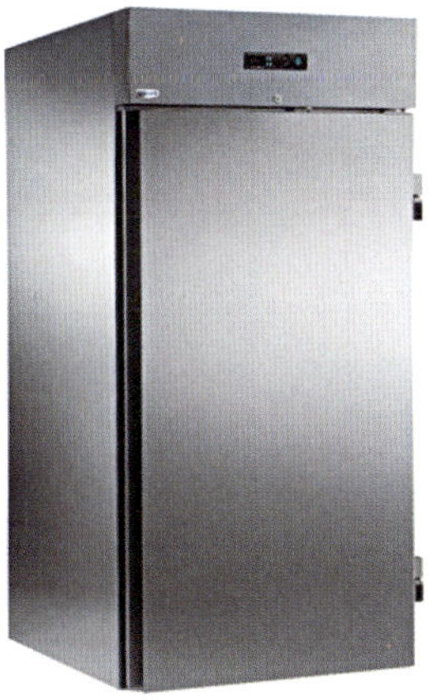

冰箱

展示冰柜

思考题

1. 西点加工设备有哪些？
2. 西点加热和保温设备有哪些？
3. 西点冷冻冷藏设备有哪些？

模块二

西点基础知识

【模块导读】

西点的主要原料是面粉、糖、黄油、牛乳等。由于西点的脂肪、蛋白质含量较高，味道香甜而不腻口，且式样美观，因而近年来销售量逐年上升。本模块包括西点概述、西点原料和西点制作基础三个项目。

项目一
西点概述

【项目描述】

西点在西方人的生活中占有重要地位，充分体现了西方饮食文化的特色和西方人的饮食习惯。欧洲是西点的主要发源地。西点制作在欧洲各国已有相当长的历史，并在发展中取得了显著的成就。近年来，西点烘焙食品经历了较长时间的市场培育和发展过程，目前已经进入一个飞速发展的阶段。系统地学习、掌握西点知识，是正确、迅速地学会实际操作技术的条件和基础。了解有关的概念和定义；了解西点制作各工艺过程中有关的变化原理及技术要领；明白每项操作技术之间诸种条件与因素的内在联系，只有这样，才能真正理解西点制作的真谛，从而掌握西点制作技艺。

【学习目标】

1. 通过学习，能说出西式面点发展概况。
2. 通过学习，能讲述西点的起源。
3. 通过学习，能描述西点的特点。
4. 通过学习，能对西式面点进行分类。

任务1　西点的概念和发展

一、西点的概念

西点（Western-style pastry），又称为西式面点，主要是指来源于欧美地区的点心，它是以面、糖、油脂、鸡蛋和乳品为主要原料，辅以干鲜果品和调味料，经过调制、成形、成熟、装饰等工艺过程而制成的具有一定色、香、味、形的营养食品。西式面点是西餐烹饪中重要的组成部分，它以用料考究、工艺精湛、成形精巧、品种丰富等为特点。在西餐饮食中起着举足轻重的作用，是西方饮食文化的代表作品。

西点的熟制方法是烘焙（baking），在西方通常被称为“烘焙业”，也称为焙烤食品，在欧美国家十分发达。西点不仅是西式烹饪的组成部分（即餐用面包和点心），而且是独立于西餐烹调之外的一种庞大的食品加工行业，成为西方食品工业主要支柱产业之一。西点既是主食，也是餐前餐后的点心；既可以作为茶点品味，还可以作为馈赠之礼品。

在欧美国家，餐后有食用甜点的习惯。在传统的欧式宴会中，精致的各种甜点衬托宴会的主题和气氛，几乎每一位家庭主妇都会做蛋糕和点心。在大街小巷，随时可以买到新鲜的面包、蛋糕和点心。

二、西点的发展

西点在世界上享有很高的声誉，在人们的生活中占有重要地位，充分体现了西方饮食文化的特色和西方人的饮食习惯。西点制作在英国、法国、西班牙、德国、意大利、奥地利、俄罗斯等国家已有相当长的历史，并在发展中取得了显著的成就。据史料记载，古代埃及、希腊和罗马已经开始了最早的面包和蛋糕制作。

欧洲是西点的主要发源地。西点制作在欧洲各国已有相当长的历史，并在发展中取得了显著的成就。小麦粉是生产糕点食品的主要原料。随着小麦及其生产工具的发展，才逐渐有了面包、糕点和饼干。尼罗河和地中海沿岸如埃及、土耳其等国家是小麦的故乡，距今已有10000多年的种植历史。

公元前3100年，地中海南岸的埃及就已经形成了统一的国家，在埃及的金字塔砖瓦中，发现了公元前3395年的小麦绘画。埃及是最早生产面包的国家。此后，他们将面粉加水和马铃薯及盐拌在一起，放在热的地方利用空气中的野生酵母来发酵，等面团发好后再掺上面粉揉成面团放在泥土做成的土窑中去烤，制成面包。许多出土文物也都证明了西点在这一时期有过较大的发展。例如：古埃及有一幅绘画，就展示了公元前1175年底比斯城的宫廷焙烤场面，画中可看出几种面包和蛋糕的制作场景，而且有组织的烘焙作坊和模具在当时已经出现。据统计，在古埃及帝国中，面包和蛋糕品种达16种之多。

公元前8世纪，埃及将发酵技术传到巴勒斯坦，后来又传到希腊。由于受到古埃及文化的影响，希腊人在面包和糕点制作技术方面大大前进了一步。他们在面包中加入了牛乳、奶油和乳酪、蜂蜜，改善了面包和糕点的品质。当时希腊的贵族很讲究食物，而且宫廷厨师已经掌握了70种面包的制作方法，成为当时世界上最具盛名的烘焙师。另外据记载，古希腊最早在食物中使用甜味剂——蜂蜜，因此蜂蜜蛋糕曾一度风行欧洲。而且古希腊人曾用面粉、油和蜂蜜制作了一种煎油饼，还制作了一种装有葡萄和杏仁的挞，这也许是最早的食物挞。此外，亚里士多德在他的著作中曾多次提到过各种烘焙制作。后来，罗马人征服了希腊和埃及，面包和糕点制作技术又传到了罗马，又由罗马传到匈牙利、英国、德国进而遍及欧洲各地。

公元前753年，古罗马人建立了罗马城。由于受希腊文化的影响，古罗马宫廷膳食厨房分工很细，由面包、菜肴、果品、葡萄酒四个专业部分组成，厨师主管的身份与贵族大臣相同，在举行特别盛大的宴会时，主人会重金礼聘高级厨师来掌厨，以彰显荣耀。此外，古罗马人还创制出世上最早的乳酪蛋糕，并将这一传统保持下来，直到现在，世上最好的乳酪蛋糕仍然出自意大利。英国最早的蛋糕是一种名为“西姆尔”的水果蛋糕，其表面装饰的12个杏仁球代表罗马神话中的众神，今天欧洲有的地方仍用它来庆祝复活节，据说它也来源于古希腊。

公元前400年，罗马成立了专门的烘焙协会。罗马人进一步改进了面包的制作方法，发明了圆顶厚壁长柄木勺炉，这个名称来自烘制面包时用于推动面包的长柄铲形木勺。他们还发展了水推磨和最早的面粉搅拌机，用马和驴推动。罗马人重视面包，曾经将面包用来作为福利计划的一部分。此后面包师对面包的制作工具和方法进行了改进，加配牛乳、乳酪等辅料，大大改善了面包的风味，奠定了面包加工技术的基础，从而使面包逐渐风行欧洲大陆。

在中世纪，欧洲人大多吃粗糙的黑面包，最初的白面包只出现在教堂，用于教堂仪式。此时涌现出了更多的面包品种，而且当时随罗马帝国一同消亡的面包师工会又死而复生，它订立行业条例，规定唯有专业磨坊才能碾磨面粉，从而禁止其他任何人从事这一行业，面包师须持有执照方可经营面包房并出售面包，如果在面包买卖中缺斤少两，还要治面包师的罪。

早期法国和西班牙在制作起酥时，采用了一种新方法，即将奶油分散到面团中，再将其折叠几次，使成品具有酥层，这种方法为现代起酥点心制作奠定了基础。15世纪，西餐文化借助文艺复兴的春风迅速发展起来，遍及欧洲。首先是餐刀、餐叉、汤匙等系列餐具逐渐由厨房工具演变出来，成为进餐工具，然后出现原始的菜谱，同时，文雅而复杂的用餐礼仪也渐渐形成和完善起来。初具现代风格的西式糕点也在此时出现，糕点制作不仅革新了早期方法，而且品种不断增加。烘焙业已成为相当独立的行业，进入了一个新的繁荣时期。此时现代西点中两类最主要的点心——派和起酥相继出现。1533年，意大利佛罗伦萨美第奇家族的凯瑟琳公主嫁给当时法国的王储，即后来的法兰西国王亨利二世。这位公主出嫁时从本国带了50名私人厨师作为陪嫁，把当时意式原料带到了法国，当亨利二世即位后，讲究美食的凯瑟琳就成了当时法国宫廷宴会的核心，宫廷内外掀起了一股学习意大利烹饪之风。糕点制作不仅革新了早期的方法，而且品种也不断增加。

17世纪，荷兰人雷文霓发现并生产出酵母菌，人们才真正开始认识酵母菌并将酵母菌加入面团制作面包。起酥类点心开始在欧洲流行。欧洲人将起酥类点心和面包结合在一起，形成了至今仍风靡的丹麦包和可颂包。而此时的法国人已创造了用搅打法来制作海绵蛋糕，蛋糕的制作工艺有了新的发展。

18世纪，磨面技术的改进为面包和其他西点提供了质量更好、种类更多的面粉，这些也为西式点心的生产创造了有利条件。

到了19世纪，在西方政体改革、近代自然科学和工业革命的影响下，烘焙业发展到一个崭新阶段。1870年压榨酵母和鲜酵母生产的工业化，使面包等西点的机械化生产得到了根本性的发展，并逐渐形成一个完整和成熟的体系。一方面，贵族豪华奢侈的生活影响到西点的制作，装饰大蛋糕开始风靡；另一方面，西点也朝着个性化、多样化的方向发展，品种更加丰富多彩。

20世纪初，面包工业开始运用谷物化学技术和科学实验成果，使面包质量和生产有了很大提高。同时大面包厂发展为较大的面包公司，开始向周边数百公里超级市场供应面包产品。其他各种西点品种也层出不穷。

21世纪的现在，西点早已从作坊式生产步入现代化的生产，并逐渐形成一个完整和成熟的体系。当前，烘焙业在欧美十分发达，西点制作不仅是烹饪的组成部分（即餐用面包和点心），而且是独立于西餐烹调之外的一种庞大食品加工行业，成为西方食品工业的支柱之一。

三、西点在中国的发展

西点是伴随着我国和世界各民族人民的交往而传入的，但西点何时传入我国，至今还未有定论。据史料记载，早在汉代，波斯古国和西亚各地的灿烂文化通过“丝绸之路”传到中国，其中就包括膳食。13世纪，意大利著名学者马可・波罗（1254—1324年）在我国居住数十年，为两国经济文化交流贡献了毕生精力。同时，也带来了意大利人民的佳肴美馔，包括西点。明代万历年间（1573—1620年）意大利传教士利玛窦和明末清初德国传教士汤若望，将面包制法传入我国东南沿海城市广州、上海等地，以后传入内地；1867年俄国人将面包制作技术传入我国东北地区。至今在我国东北的哈尔滨、长春、沈阳等地区还保留着许多传统的俄式风味面包制法。自从清代末期沿海城市对外开放以后，各种西餐馆、面包房便应运而生。上海的凯司琳、起士林、菲特食品厂、沙利文面包厂等西式糕点厂（店），都有100多年的历史了。

19世纪中叶至20世纪40年代，是西方饮食文化大规模传入时期，辛亥革命以后，西餐馆等成为军政头目、洋人、买办、豪门贵族交际享乐的场所。西餐，包括西点，也在这种形势下很快发展起来。从20世纪20年代起，上海、天津等地先后出现了大型西式饭店。

1978年中国改革开放以后，星级酒店和高档餐饮的蓬勃发展使得中国西点烘焙业进入了一个迅猛的发展时期，西式面点从高档次的星级酒店走向社会，面包房、饼屋日益增多，基础原料逐渐规格化，生产工艺日臻完善，生产设备日益先进，国内外技术交流和培训日益活跃，我国西点业步入健康、持续发展的轨道。目前，西点烘焙食品的生产已在食品工业中占有非常重要的比重。

四、西点的特点

1. 用料讲究、营养全面

西点多以乳品、蛋品、糖类、油脂、面粉、干鲜果品等为主要原料，其中蛋、糖、油脂的比例较大，配料中干鲜水果、果仁、巧克力等用量大。这些原料营养丰富，一些品种糖分含量较高。西点用料十分考究，讲究原汁原味，特别是在传统西点制作中，对于食材的选择要求比较严格，此外不同品种的面坯、馅心、装饰、点缀等用料都有各自的选料标准，各种原料之间都有着恰当的比例。

2. 注重工艺、美观精巧

西点的制作从各个环节来说，都会从产品的美观性出发，用简洁明快的手法，制作出赏心悦目的产品，有的造型美观，有的色泽诱人。

西点制作多依赖于设备与器具，原料要求称量准确，工艺严格，成品规则、标准，生产的机械化、自动化和批量化水平高。在制作工艺上具有工序繁杂、技法多样、注重火候、卫生安全等特点，西点的成熟以烘焙为主要方式，讲究造型、装饰，每一件西点产品都是一件艺术品，给人以美的享受。

3. 口味清香、质感丰富

在西点制品中，西点的口味常常以甜、咸为主，无论是冷制点心还是热制点心，甜点还是咸点都具有清香的特点，在制作西点时还会使用各种香味原料以及香料等辅料，这些原料自身具有浓郁的香味以及风味。西点品种较多，而且具有不同的质感。如饼干的酥、布丁的软、法棍的韧、慕斯的滑、蛋糕的松、泡芙的绵、舒芙蕾的嫩、果冻的爽、冰激凌的凉……

西点品种多为烘焙制品，再通过馅料或装饰料的点缀，使之色泽变得简单明快，引人注目。

思考题

1. 西点的概念是什么？
2. 西点的发展经历了哪几个重要时期？
3. 现代西点有怎样的发展趋势？
4. 常见的西点分为哪几类？每一类的特点有哪些？

任务2 西点的分类

西点源于欧美地区，具有西方民族风格和特色，如德式、法式、英式、俄式等。但因国家或民族的差异，其制作方法千变万化，即使是同样的一个品种在不同的国家也会有不同的加工方法，因此，西点品种繁多，要全面了解西点品种概况，必须首先了解西点分类情况。

西点的分类，目前尚未有统一的标准，但在行业中常见的有下述几种：

（1）按点心温度分类 可分为常温点心、冷点心和热点心。

（2）按西点的用途分类 可分为零售类点心、宴会点心、酒会点心、自助餐点心和茶点。

（3）按口味进行分类 可分为甜点和咸点。

（4）按干湿特性进行分类 可分为干点、软点和湿点。

（5）按厨房分工分类 可分为面包类、糕饼类、冷冻甜品类、巧克力类、精致小点心类和工艺造型类。这种分类概括性强，基本上包含了西点生产的所有内容。

（6）按制品加工工艺及坯料性质分类 可分为蛋糕类、混酥类、清酥类、面包类、泡芙类、饼干类、冷冻甜食类、巧克力类、蛋白甜食类、精致小点心类等。此种分类方法比较普遍地应用于行业及实践教学中。本任务重点介绍蛋糕类、面包类和点心类三种。

一、蛋糕类（Cake）

蛋糕是一种古老的西点，一般是用烤箱制作的，蛋糕是以鸡蛋、糖、油脂、面粉为主料，配以水果、乳酪、巧克力、果仁等辅料制成的，蛋糕是西点中块形较大的一类产品。它具有组织松软、香甜适口、装饰美观等特点。蛋糕与其他西点的主要区别在于原料中鸡蛋、糖和油脂的用量都比较多。制作中，原辅料混合的最终形式不是面团而是含水较多的浆料（也称面糊、蛋糊）。浆料装入一定形状的模具或烤盘中烘焙而成。蛋糕根据面糊性质一般分为三种类型，即乳沫类蛋糕、戚风类蛋糕和面糊类蛋糕，它们是各类蛋糕制作和品种变化的基础。蛋糕最早起源于西方，后来才慢慢传入中国。

1. 乳沫类蛋糕（Foam Cake）

乳沫类蛋糕又称海绵蛋糕（Sponge Cake），因其组织结构类似多孔的海绵而得名，国内称之为清蛋糕。海绵蛋糕一般不加油脂或仅加少量油脂。它充分利用了鸡蛋的发泡性，与油脂蛋糕和其他西点相比，具有更突出的、致密的气泡结构，质地松软而富有弹性。

2. 戚风类蛋糕（Chiffon Cake）

戚风类蛋糕是采用分蛋搅拌法，即蛋清与蛋黄分开搅打再混合而制成的一种蛋糕。通过蛋黄面糊和蛋清泡沫两种性质面糊的混合，而达到改善乳沫类蛋糕的组织和颗粒状态，其质地非常松软，柔韧性好。此外，戚风类蛋糕水分含量高，口感滋润嫩爽，存放时不易发干，且蛋糕风味突出，因而特别适合作为高档卷筒蛋糕及鲜奶油装饰的蛋糕坯。

3. 面糊类蛋糕（Butter Cake）

面糊类蛋糕又称奶油蛋糕、油脂蛋糕，是一类在配方中加入较多固体油脂，主要利用油脂的充气性膨松的蛋糕。其弹性和柔软性不如海绵蛋糕，但质地酥散、滋润，带有油脂特别是奶油的香味，且具有较长的保存期。

二、面包类（Bread）

面包是一种发酵的烘焙食品，它是以面粉、酵母、盐和水为基本原料，添加适量糖、油脂、乳品、鸡蛋、果料、添加剂等，经搅拌、发酵、成形、醒发、烘焙而制成的组织松软、富有弹性的制品。面包又被称为人造果实，品种繁多，各具风味，是高热量碳水化合物食品，温度高时较为松软好吃，低温的状态下会变硬，风味口感都会差很多。世界上广泛使用的制作面包的原料除黑麦粉、小麦粉以外，还有荞麦粉、糙米粉、玉米粉等。有些面包经酵母发酵，在烘烤过程中变得更加膨松柔软；还有许多面包恰恰相反，用不着发酵。尽管原料和制作工艺不尽相同，它们都被称为面包。面包因制作工艺不同，口感不一，有较为膨松柔软的，也有较为酥脆干硬的。目前，国际上尚无统一的面包分类标准，分类方法较多，主要的分类方法有以下几种。

1. 按面包的柔软程度分类

按面包的柔软程度可分为软式面包和硬式面包。

（1）软式面包 配方中使用较多的糖、油脂、鸡蛋、水等柔性原料，糖、油脂用量皆为面粉的4%以上，组织松软，结构细腻。

（2）硬式面包 配方中使用小麦粉、酵母、水、盐为基本原料，糖、油脂用量少于面粉的4%，表皮硬脆，有裂纹，内部组织柔软，咀嚼性强，麦香味浓郁。

2. 按面包内外质地分类

按面包内外质地可分为软质面包、硬质面包、脆皮面包和松质面包。

（1）软质面包 具有组织松软而富有弹性，体积膨大，口感柔软等特点。

（2）硬质面包 其特点是组织紧密，有弹性，经久耐嚼，面包的含水量较低，保质期较长。

（3）脆皮面包 具有表皮脆而易折断、内心较松软的特征。原料配方较简单，主要有面粉、食盐、酵母和水。在烘烤过程中，需要向烤箱中喷蒸汽，使烤箱中保持一定湿度，有利于面包体积膨胀爆裂和表面呈现光泽，以达到皮脆质软的要求。

（4）松质面包 又称起酥面包，是以小麦粉、酵母、糖、油脂等为原料搅拌成面团，冷藏松弛后裹入奶油，经过反复压片、折叠，利用油脂的润滑性和隔离性使面团产生清晰的层次，然后制成各种形状，经醒发、烘烤而制成，是口感特别酥松、层次分明、入口即化、奶香浓郁的特色面包。

3. 按用途分类

按用途可分为主食面包、餐包、点心面包和快餐面包。

4. 按成形方法分类

按成形方法可分为普通面包和花式面包。

5. 按用料特点分类

按用料特点可分为白面包、全麦面包、黑麦面包、杂粮面包、水果面包、奶油面包、调理面包和营养保健面包等。

6. 按地域分类

按地域分类，具有代表性的有法式面包、意式面包、德式面包、俄式面包、英式面包和美式面包等。

三、点心类（Pastry）

西式点心主要包括起酥、油酥、曲奇饼干、泡芙、布丁、冷冻甜点、巧克力、装饰造型等类型。

1. 起酥类（Puff Pastry）

起酥类点心又称帕夫点心，在国内称为清酥或麦酥，与挞、派点心一起被看成传统西式点心的两个主要类型。起酥点心具有独特的酥层结构，通过用水调面团包裹油脂，经反复擀制折叠，形成一层面与一层油交替排列的多层结构，制成品体轻、分层、酥松而爽口。

以水面和油面互为表里，经过反复擀叠及冷冻、成形、烘烤等工艺而制成的制品，这种制品具有层次清晰、入口香酥的特点。在烘烤产品中，这类点心很具有特色，很久以来一直受到消费者的青睐。主要产品有酥盒类、果盅类、果派类、酥饼类等，如奶油千层酥、牛角包、水果酥盒、苹果派、葡萄苹果盅等。

2. 油酥类（Short Pastry）

油酥类点心是以面粉、奶油、糖等为主要原料（有的需添加适量膨松剂），调制成面团，经擀制、成形、成熟、装饰等工艺而制成的一类酥松而无层次的点心。国内称之混酥或松酥。油酥点心的主要类型是派（或称排、攀）、挞等。

派（Pie）俗称馅饼，有单皮派和双皮派之分。挞（Tart）是欧洲人对派的称呼。比较两个名称的用途，可以发现派的含义多用于双皮派，并且是切成块状的。挞多用于单皮的馅饼，或比较薄的双皮圆派，或整只小圆形及其他形状（如椭圆形、船形、带圆角的长方形等）的派，是以油酥面团为坯料，借助模具，通过制坯、烘烤、装饰等工艺而制成的内盛水果或馅料的一类较小型的点心，其形状可因模具的变化而变化。这一类型的点心主要通过馅心的不同来变化品种。

混酥类点心是以黄油、面粉、鸡蛋、糖为主料调和成面团或面糊，配以各种辅料制作而成的一类点心。此类点心不分层，口感酥脆。主要产品有排类、挞类、干点类等，如果酱排、椰丝排、奶油曲奇、拉花饼干等。

3. 曲奇饼干类（Cookies）

饼干类点心，也称干点、小西饼，是以小麦粉为主要原料，加入糖、油脂及其他原料，经调粉、成形、烘烤等工艺制成的食品，口感酥松、松脆。通常体积、重量都较小，食用时以一口一个为宜，适用于酒会、茶点或餐后食用。饼干的类型主要有蛋白类饼干、甜酥类饼干、面糊类饼干等。曲奇饼在美国与加拿大解释为细小而扁平的蛋糕式的饼干，而英语的cookie是由荷兰语koekje来的，意为“小蛋糕”。这个词在英式英语主要用作分辨美式饼干如“朱古力饼干”。

4. 泡芙类（Puff）

泡芙又称空心饼、哈斗、气鼓，是一种源自意大利的甜食，膨松中空的奶油面皮包裹着奶油、巧克力乃至冰激凌，吃起来外热内冷，外酥内滑，口感极佳。泡芙是将奶油、水或牛乳煮沸后，烫制面粉，再搅入鸡蛋制成面糊，通过挤注成形、烘焙或油炸而成的空心酥脆点心，内部夹入馅心后方可食用。

5. 布丁类（Pudding）

布丁是一种英国的传统食品，中文译为“奶冻”，是以黄油、鸡蛋、白糖、牛乳等为主要原料，配以各种辅料，通过蒸或烤制而成的一类柔软的点心。广义来说，它泛指由浆状的材料凝固成固体状的食品，如圣诞布丁、面包布丁、约克郡布丁等，常见制法包括焗、蒸、烤等。狭义来说，布丁是一种半凝固状的冷冻的甜品，主要材料为鸡蛋和奶黄，类似果冻。在英国，“布丁”一词可以代指任何甜点。

6. 冷冻甜点类（Frozen Dessert）

冷冻甜点是通过冷冻成形的甜点的总称。这类制品品种繁多，口味独特，造型各异，包括各种果冻（Fruit Jelly）、慕斯（Mousse）、布丁（Pudding）、冰激凌（Ice Cream）、冻蛋糕等。

冷冻甜点以甜为主，口味香浓爽口，适宜于午餐、晚餐的餐后甜食或非用餐时食用。冷冻甜点一般指以糖、牛乳、鸡蛋、水果、明胶为原料，经搅拌冷冻或冷冻搅拌制作而成的一类甜食。

7. 巧克力类（Chocolate）

巧克力类制品是指直接使用巧克力或以巧克力为主要原料，配上奶油、果仁、酒类等辅料调制出的产品，其口味以甜为主。巧克力类制品有巧克力装饰品、加馅制品、模型制品，如巧克力吊花、酒心巧克力、动物模型巧克力等。巧克力制品主要用于礼品、节日、茶点和糕饼装饰。巧克力生产需要一个独立的房间和适宜的温度，室温要求在15～21℃。

8. 装饰造型类（Decorative Dessert）

装饰造型是指经特殊加工，其制品具有食用和欣赏双重价值的一类制品。这类制品造型精美，工艺性强，色泽搭配合理，品种丰富。如精致的巧克力糖棍、面包花篮、庆典蛋糕、糖粉装饰、翻糖蛋糕和糖艺制品等。

以上西点种类基本上涵盖了西点制作的全部内容，分类方法特点相对突出，但有些类型之间有相互的联系，产品也具有多重性，因此很难划分归类，实际应用中要灵活掌握。

思考题

1. 常见的西点分类方法有哪些?
2. 简述蛋糕的概念及分类方法。
3. 面包的分类方法有哪些?

项目二
西点原料

【项目描述】

西点原料是指在西点加工制作中使用的具有一定食用价值的物质原材料，也是西餐烹饪原料中一个重要的组成部分。西点原料的品质，主要取决于西点原料的食用价值的高低和加工性能的好坏。其食用价值主要取决于西点原料的安全性和营养性；其加工性能主要取决于西点加工制作过程的工艺。西点原料品种繁多，人们在长期的实践应用中积累了丰富的经验。这就需要我们逐步深入地研究其自然属性和应用原理。

【学习目标】

1. 通过学习，能说出西点原料的概念。
2. 通过学习，能说明西点原料的化学成分及分类方法。
3. 通过学习，能列举出西点原料品质鉴别的指标及方法。
4. 通过学习，能识别影响西点原料品质变化的因素。
5. 通过学习，能整理出保管西点原料的常用方法。

任务1 基本原料

一、面粉

我们常说的“面粉”指小麦粉，即用小麦磨出来的粉，也称小麦粉，是西点制作的主要原料。面粉的化学成分主要有蛋白质、碳水化合物、脂肪、矿物质、维生素、水、酶类，随着麦粒的不同而有很大的变化。

面粉

刚磨制的面粉，特别是新小麦磨制的面粉，其面团黏性大，筋力弱，不易操作，生产出来的面包体积小，弹性差，疏松性差，组织粗糙，不均匀，皮色暗，无光泽，扁平易塌陷收缩。但这种面粉经过一段时间储存后，其烘焙性得到大大改善，生产出的面包色泽洁白有光泽，体积大，弹性好，内部组织结构均匀细腻。特别是操作时不黏，醒发、烘焙及面包出炉后，面团不跑气塌陷，面包不收缩变形。

（一）面粉的分类

面粉由于分类标准不同，其分类的方法也不同。

1. 按加工精度和用途分类

面粉按加工精度和用途可分为等级粉和专用粉。

（1）等级粉　按加工精度不同，可分为特制粉、标准粉、普通粉三大类。

（2）专用粉　是利用特殊品种小麦磨制而成的面粉，或根据使用目的，在等级粉的基础上加入食用增白剂、食用膨松剂、食用香精或其他成分，混合均匀而制成的面粉。专用粉的种类多样，配方精确，质量稳定，是制作高质量制品的主要原料。

2. 按蛋白质含量分类

面粉按蛋白质含量可分为高筋面粉、中筋面粉和低筋面粉。

（1）高筋面粉　又称强筋面粉或面包粉，其蛋白质和面筋含量高。蛋白质含量为12%～15%，湿面筋值在35%以上，是一种含有很高筋度的面粉。高筋面粉富含较高的黏性、弹力，面筋的力道较大，用这样的面粉制作面包，可以很好地包住面团发酵过程中产生的二氧化碳。

（2）中筋面粉　是介于高筋面粉与低筋面粉之间，蛋白质含量为9%～12%，湿面筋值在25%～35%。美国、澳大利亚产的冬小麦和我国的标准粉等普通面粉都属于这类面粉。中筋面粉多数用于中式点心的馒头、包子、水饺以及部分西饼中，如蛋挞皮、派皮、水果蛋糕、肉馅饼等。

（3）低筋面粉　又称弱筋小麦粉或糕点粉，其蛋白质和面筋含量低。蛋白质含量在7%～9%之间，湿面筋值在25%以下。为制作蛋糕、饼干和混酥类西饼的主要原料之一。英国、法国和德国的弱力小麦粉均属于这类。低筋面粉适于制作蛋糕、甜酥点心、饼干等。

3. 按精度分类

面粉按精度可分为特制一等面粉、特制二等面粉、标准粉和普通粉。

（1）特制一等面粉　面筋质含量在26%以上，灰分小于0.7%，颜色洁白，质量最好。

（2）特制二等面粉　面筋质含量在25%以上，灰分小于0.85%，质量仅次于特制一等面粉。

（3）标准粉　面筋质含量在24%以上，灰分小于1.1%，含麸量较高。

（4）普通粉　面筋质含量在22%以上，灰分小于1.4%，色泽较黄，含麸量比标准粉高。

4. 按性能和用途分类

面粉按性能和用途可分为专用面粉、通用面粉和营养强化面粉。

（1）专用面粉　也称特制面粉，是由软质小麦粉经氯气漂白处理过的一种小麦粉，氯气处理使部分面筋蛋白质变性，降低面筋蛋白质交联成网络的能力，大大减少搅拌中的面筋化作用。这种面粉的颗粒非常细小，因而吸水量很大，特别适合制作含液体量和糖分较高的蛋糕，效果很好。经过氯气处理提高了小麦粉的白度和酸度。pH的降低有利于蛋糕浆料油水乳化的稳定，使蛋糕质地非常疏松、细腻。

现在我国也能生产部分专用面粉，如馒头粉、饺子粉、糕点粉等，但与国外相比，无论是品种还是产量、应用性能的稳定等方面还有一定的差距。

（2）通用面粉　是指大众化面粉，适用性广，如标准粉、富强粉等。

①全麦面粉：小麦粉中包含其外层的麸皮，使其内胚乳和麸皮的比例与原料小麦成分相同，用来制作全麦面包和小西饼等使用。

②裸麦粉：由裸麦磨制而成，因其蛋白质成分与小麦不同，不含有面筋，多数与高筋面粉混合使用。

（3）营养强化面粉　是将天然或人工合成的营养添加剂，在面粉加工过程中添加进去，使之成为营养更全面的一种面粉，以弥补营养素不足。从外表看，普通面粉和营养强化面粉无论是颜色、味道，还是手感都很难区别，加工成各种食品后，在外观和口感也无差异，后者只是更具营养，更有利于人们的身体健康。

（二）面粉的使用

西点用的小麦面粉主要是白面粉，它来自麦粒的胚乳部分。市场上还出现了全麦面粉、黑面粉以及相应的烘焙制品，如全麦面包、黑面包、全麦蛋糕等。全麦面粉仅除去了麦皮最粗糙的部分，几乎保留了麦粒的90%。黑面粉基本上不含麦皮，保留了麦粒的80%～85%。

这两种面粉及其制品均为色泽黑色的保健食品。除小麦面粉外，国外某些西点品种中还使用了大麦粉、燕麦粉、黑麦粉和玉米粉。玉米粉常用于馅料增稠或掺和于面粉中，来降低面粉的筋度。

根据需要，不同品种的面粉可单独使用，也可以掺入其他原料后使用。西点中的水调面团、混酥面团、面包面团等都是以面粉为主要原料，掺入其他原料而制成的。由于淀粉和蛋白质成分的存在，面粉在制成品中起着“骨架”作用，能使面坯在成熟过程中形成稳定的组织结构。

所有的粉类使用前都应先以筛子过筛，将面粉置于筛网上，一手持筛网，另一只手在边上轻轻拍打使面粉由空中飘落入钢盆中，这不仅能避免面粉结块，而且这道程序能使面粉与空气混合，增加蛋糕烘烤后的膨松感，同时在与奶油拌合时也不会有小颗粒的产生，可以让蛋糕烤烘后不会有粗糙的口感。

二、淀粉

淀粉又称芡粉、粉面，广泛存在于植物的变态根、变态茎、果实及种子中，是植物体中贮存的养分，大多以玉米、小麦、马铃薯、甘薯、木薯等为原料，经过浸泡、破碎、过筛、分离淀粉、洗涤、干燥和成品整理等工序制得，为我国传统的增稠剂。成品为白色而具有光泽的粉末或块状，无味无臭，在冷水和乙醇中不溶解，水中加热至55～60℃则吸水糊化，形成半透明凝胶和胶体溶液。

各种淀粉是由多个葡萄糖分子缩合而成的多糖聚合物。西点中应用的主要有绿豆淀粉、木薯淀粉、甘薯淀粉、红薯淀粉、马铃薯淀粉、麦类淀粉、菱角淀粉、藕淀粉、玉米淀粉等。淀粉不溶于水，在和水加热至60℃左右时（淀粉种类不同，糊化温度不一样），则糊化成胶体溶液。

淀粉在西点中主要用作增稠剂，以及制作布丁、蛋糕和西饼馅等。

1. 玉米淀粉

玉米淀粉产量大、加工精细，是从玉米中提取的淀粉，是烹调中使用普遍、用量最大的淀粉之一。成品色白而细腻，64～72℃时糊化，速度较慢，黏度上升缓慢，糊丝较短，透明度较差，但凝胶强度好。在使用过程中宜用高温，使其充分糊化，以提高黏度和透明度。

玉米淀粉

马铃薯淀粉

2. 马铃薯淀粉

马铃薯淀粉又称土豆粉、太白粉，是常用的淀粉，是将马铃薯磨碎后，揉洗、沉淀制成的。成品色泽洁白，有光泽，粉质细，59～67℃即快速糊化，黏性较大，糊丝长，透明度好，但黏度稳定性差，胀性一般，吸水性差。

小麦淀粉

3. 小麦淀粉

小麦淀粉又称澄面、汀粉，是一种无筋的面粉。小麦淀粉是面团洗出面筋后沉淀而成或用面粉制成。特点是：色白，但光泽较差，质量不如马铃薯淀粉，主要用作增稠剂、胶凝剂或稳定剂等。

4. 甘薯淀粉

甘薯淀粉又称山芋粉、红薯粉，是用甘薯的块根加工而成的淀粉。成品色泽灰暗，糊化温度高达70～76℃，热黏度高但不稳定，淀粉糊较透明，凝胶强度很低。用其制作的粉丝韧性差，勾芡效果不佳，多单独或同谷类、豆类淀粉混合后用于淀粉制品的加工。

5. 木薯淀粉

木薯淀粉是木薯经过淀粉提取后脱水干燥而成的白色粉末，没有气味、口味平淡。木薯淀粉有原淀粉和各种变性淀粉两大类，广泛应用于食品工业及非食品工业。变性淀粉可根据用户提出的具体要求定制，以适用于特殊用途。

6. 西谷椰子淀粉

西米即西谷米，是印度尼西亚特产，是用木薯粉、麦淀粉、苞谷粉加工而成圆珠形粉粒。最为传统的是从西谷椰树（又名莎谷、沙谷）的木髓部提取的淀粉，经过手工加工制成。在太平洋西南地区，西米是主要食物，用其粗粉做汤、糕饼和布丁。在世界各地，主要的食用方法是制布丁或酱汁增稠剂。

甘薯淀粉

木薯淀粉

西谷椰子淀粉

三、其他面粉

1. 玉米粉

黄色的玉米粉是由玉米直接研磨而成，粉末细，颜色淡黄。粉末状的黄色玉米粉在饼干类的使用上比例要高些。细颗粒状的玉米粉大多用来作杂粮口味的面包或糕点，它也常用来撒在烤盘上，作为面团防粘之用，如烤比萨时用玉米粉作为防粘之用。

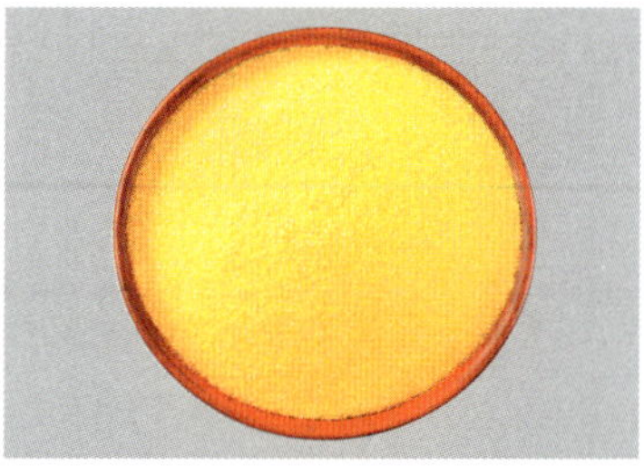
玉米粉

2. 杏仁粉

杏仁粉并非磨坊制粉的产品（如小麦磨制成面粉），而是将杏仁研磨成像面粉一样细致的粉末，是杏仁的一种加工产品，与杏仁露一样，其原料都是杏仁。杏仁粉含有丰富的纤维质、磷、铁、钙、维生素B_{17}及不饱和脂肪酸等重要的营养物质。

杏仁粉

3. 番薯粉

番薯粉也称地瓜粉，它是由番薯淀粉等所制成的粉末，一般地瓜粉呈颗粒状，有粗粒和细粒两种，通常家中购买以粗粒地瓜粉为佳。地瓜粉与淀粉一样，融于水中后加热会呈现黏稠状，而地瓜粉的黏度较淀粉更高。

4. 木薯粉

木薯别名树薯、木番薯。木薯粉又称菱粉、泰国生粉（因为泰国是世界上第三大木薯生产国，仅次于尼日利亚和巴西，在泰国一般用它作淀粉）。它在加水遇热煮熟后会呈透明状，口感带有弹性。

5. 预拌粉

预拌粉也称之为预混粉，是指按配方将烘焙所用的部分原辅料预先混合好，然后销售给厂家使用的烘焙原料。主要品种有：红枣预拌粉、麻薯预拌粉、香蕉预拌粉、蜂蜜蛋糕预拌粉、拉丝面包预拌粉、鸡蛋糕预拌粉、泡芙预拌粉、综合预拌粉、巧克力预拌粉、杂粮预拌粉、奶香预拌粉等。

番薯粉

木薯粉

预拌粉

四、蛋与蛋制品

禽蛋是指雌禽为了繁衍后代排出体外的卵，包括鸡蛋、鸭蛋、鹅蛋、鸽蛋、鹌鹑蛋等。这些蛋的结构基本相似，化学组成大同小异。鸡蛋是西点制作中常用的原料，做饼干、蛋糕、慕斯、面包都会不同程度地用到蛋黄、蛋清或者是全蛋，但要科学合理地运用。鸭蛋、鹅蛋因含有异味，在糕点制作中很少使用。蛋是由蛋壳、蛋清和蛋黄三部分组成，蛋壳约占蛋的重量的11%，蛋清约占58%，蛋黄约占31%。

（1）蛋清具有起泡性　利用蛋清的起泡性，可将蛋清抽打成蛋泡，用于制作雪山等造型菜肴或与淀粉混合制作蛋泡糊，以及制作西式蛋糕等。

（2）蛋黄具有乳化性　蛋黄中含有的卵磷脂，具有亲油和亲水的双重性质，是非常有效的乳化剂。利用蛋黄的乳化作用，可以制作沙拉酱（蛋黄酱）、糕点等。

（3）蛋具有热凝固性　蛋品中含有丰富的蛋白质，受热后会出现凝固变性现象，蛋清在50℃左右开始浑浊，70℃以上失去起泡性凝固成块，蛋黄则在65℃开始变黏，70℃以上失去流动性并凝结，利用蛋清、蛋黄的热凝固性，产品成熟时不会分离，保持产品形态完整。

（一）常见的蛋及蛋制品

蛋品是生产西点的重要原料，常见的蛋品主要包括鲜鸡蛋、冰蛋和蛋粉。在西点制作中运用最多的是鲜鸡蛋。

1. 鲜鸡蛋

鲜鸡蛋是饭店、宾馆、饼屋等小型西式面点生产所需的主要蛋品，能用于各类西点的制作，是西点重要原料之一。

鸡蛋

2. 冰蛋

冰蛋又称冻蛋，多用于大型西点生产企业。冰蛋多采用速冻制取，速冻温度在-20℃以下。使用冰蛋时，只是将盛装冰蛋的容器放在冷水中即可使用。由于速冻温度低，冻结得快，蛋液中的胶体特性很少受到破坏，保留了鸡蛋的工艺特性。但速冻后的蛋液再冻或冰蛋的贮存时间过长将会影响制品的质量。

3. 蛋粉

蛋粉为脱水粉状固体，有蛋白粉、蛋黄粉和全蛋粉三种。蛋粉比鲜蛋有较长的贮存期，多用于大型生产或特殊制品。蛋粉的起泡性不如新鲜蛋，不宜用来制作海绵蛋糕。

（二）鸡蛋在西点中的作用

1. 提高营养价值

鸡蛋中含有丰富的蛋白质、脂肪，且氨基酸比例接近人体模式，消化利用率高；含有较多的卵磷脂，丰富的矿物质和维生素，是人体不可缺少的营养物质。

2. 改善产品的外观和风味

参与美拉德反应，有助于产品上色。在面包制品表面涂上蛋液，经烘焙后使之更加光泽，并具有特殊的蛋香味。

3. 改善点心色泽

有鸡蛋的产品，颜色会偏黄一些，除此之外，也可以在产品表面刷蛋液来实现这一点。面包入炉前在表面涂抹蛋液，不仅能改善制品表皮的色泽，产生光亮的金黄色或黄褐色，而且能防止点心、面包内部水分的蒸发，保持制品的柔软性。

4. 改善产品内部组织状态

蛋清的起泡性，可增加产品的体积，有利于点心内部形成蜂窝结构，提高疏松性。蛋清在打蛋机的高速搅拌下，能搅入大量空气，形成泡沫；面团或面糊大量充气后，形成海绵结构，烘烤时泡沫内的空气受热膨胀，使产品体积增大，结构疏松而柔软。

5. 有助于产品骨骼形成

鸡蛋在烘烤时，温度达到一定程度，鸡蛋烤熟，凝固在一起，和其他的原料，比如粉类，一起形成了产品的骨骼。

6. 增加湿度

鸡蛋的含水量在70%左右，加在烘焙产品中，能够很好地保持水分的含量，又不会破坏配方的干湿平衡，保持产品的湿度。

（三）蛋类使用注意事项

（1）有时候会在制作面包的面团里添加鸡蛋，如果发酵的时间过长，面团会由于蛋白质的变性而产生异臭，因此要掌握好发酵的时间。

（2）制作前要把蛋糊搅拌均匀，否则与面粉混合时会使得部分蛋黄凝结于面粉中，从而形成了筋性面团，不利于成品的口感。

（3）由于鸡蛋本身含有水分，所以制作时用水量要适量减少，水的减少量为鸡蛋分量的60%～70%。

（4）加入了鸡蛋的制品在烘烤时很容易上色，所以在烘烤时要注意观察，如发现上色过度，可以调低烘烤温度或者在制品上面盖一张锡纸。

（5）添加了鸡蛋的制品，烘烤后的体积会变得比正常的要大一些，所以要选用适当模具并控制发酵的时间。

（6）选择新鲜的鸡蛋，如果鸡蛋不新鲜，蛋黄与蛋清就很容易散，做出来的成品口感也会有影响，所以要选择新鲜的鸡蛋来制作。

五、乳与乳制品

乳是哺乳动物从乳腺中分泌的一种白色或稍带黄色的不透明液体。营养价值高，西点制作中用量较大，主要使用是牛乳。

牛乳又称牛奶，一种白色或稍黄色的不透明液体，具有特殊的香味。易被人体消化吸收，有很高的营养价值，是西式面点常用的原料。

牛乳是西点制作中用到最多的液体原料，它常用来代水，以增添西点成品淡淡奶香。各地牛乳品类众多，直接挤出的原乳，必须经过热加工或杀菌、灭菌等处理才能出售。

牛乳

（一）牛乳在西点制作中的作用

牛乳是烘焙中用到最多的液体原料，它常用来取代水，既具有营养价值又可以提高蛋糕或西点品质，其功用有：

（1）增加产品的营养价值，特别是富含钙质、维生素和乳酸等。

（2）改良产品的风味，使口感更好。

（3）乳化作用，使产品更松软可口。

（4）增加面团或面糊的吸水量，可以调整面糊浓度。

（5）增加风味。

（6）改善焙烤产品的颜色。

（7）改进面包的保湿性，降低水分的蒸发。

（8）增加面团的搅拌弹性。

（9）延长面团发酵弹性，缓解发酵酸度的增加等。

（二）乳制品

以生鲜牛（羊）乳及其制品为主要原料，经加工制成的产品。主要有：液体乳类，包括杀菌乳、灭菌乳、酸牛乳、配方乳等；乳粉类，包括全脂乳粉、脱脂乳粉、全脂加糖乳粉和调味乳粉、婴幼儿配方乳粉、其他配方乳粉等；炼乳类，包括全脂淡炼乳、全脂加糖炼乳、调味/调制炼乳、配方炼乳等；乳脂肪类，包括稀奶油、奶油、无水奶油等；干酪类，包括原干酪、再制干酪等；其他乳制品类，包括干酪素、乳糖、乳清粉等。

1. 乳制品在西点中的作用

（1）提高面团的吸水力。

（2）提高面团筋力和搅拌能力。

（3）改善面团的物理性质。

（4）提高面团的发酵能力。

（5）改善制品的组织。

（6）延缓制品的老化。

（7）乳制品是良好的着色剂。

（8）赋予制品浓郁的奶香风味。

（9）提高制品的营养价值。

2. 西点制作中常用的乳制品

（1）乳粉　是以牛的乳汁为原料，经过消毒、脱脂、脱水、干燥等工艺制成的粉末。乳粉是良好的食品，营养丰富，营养成分接近于鲜牛乳，便于消化吸收。西点中主要用于面包、吐司、蛋糕、布丁、巧克力、饼干、车轮饼等制作。山羊等其他动物的乳汁生产的产品，也称乳粉，使用量较少。乳粉冲调容易，携带方便，营养丰富。

乳粉

①全脂乳粉：为新鲜乳脱水后的产物，含脂肪26%～28%。它基本保持了牛乳的营养成分，适用于全体消费者。但最适合于中青年消费者。

②脱脂乳粉：牛乳脱脂后加工而成，口味较淡，在烘焙产品制作中最常用。可取代鲜乳，使用时通常以1份脱脂乳粉加9份清水混合。适于中老年、肥胖和不适于摄入脂肪的消费者。

③速溶乳粉：和全脂乳粉相似，具有分散性、溶解性好的特点，一般为加糖速溶大颗粒乳粉或喷涂卵磷脂乳粉。

④加糖乳粉：由牛乳添加一定量蔗糖加工而成，适于全体消费者，多具有速溶特点。

⑤特殊配制乳粉：适于有特殊生理需求的消费者，这类配制乳粉都是根据不同消费者的生理特点，去除乳中的某些营养物质或强化某些营养物质（也可能二者兼而有之），故具有某些特定的生理功能，如中老年乳粉、低脂乳粉、糖尿病乳粉、低乳精乳粉、双歧杆菌乳粉等。

（2）炼乳、淡乳　牛乳通过加糖、加热、蒸发制成的浓缩乳制品，在牛乳中加入40%～45%的糖含量，再经加热蒸发掉约60%的水含量后，即为炼乳，其乳脂肪含量不可低于0.5%，乳固形物含量不低于24%。在烘焙中，由于炼乳含糖量过高，因此基本不用作原料，更不能代替黄油或者牛乳。原味以及各种风味的炼乳可以直接涂在烤好或者蒸好的点心上。

炼乳

淡乳，又称花乳、乳水、蒸发乳。牛乳蒸发浓缩，不加糖，装罐杀菌后即为淡乳。它的乳糖含量较一般牛乳为高，奶香味也较浓，可以给予西点特殊的风味。

淡乳

炼乳是用鲜牛乳或者羊乳经过消毒浓缩制成的，通常是将鲜乳经真空浓缩或其他方法除去大部分的水分，浓缩至原体积25%～40%的乳制品，再加入40%的蔗糖装罐制成的。

而淡乳也是新鲜牛乳蒸馏去除一些水分制成的，但是没有炼乳浓稠，却比牛乳稍浓。在烘焙配方中，为了达到最佳的效果，是要根据配方的需求选择炼乳和淡乳的。并且，炼乳和淡乳在烘焙配方中不能随意地进行替换。

（3）奶油、黄油　奶油是将牛乳中的脂肪成分经过浓缩而得到的半固体产品，奶香浓郁，可用来涂抹面包和馒头，或制作蛋糕和糖果。奶油主要按加盐、不加盐，发酵、不发酵分类。常见于各式西餐中，人们摄入奶油的机会较多。

奶油

（4）乳酪　又名奶酪、干酪、芝士、起司等，是用皱胃酶或胃蛋白酶将原料乳凝聚，再将凝块加工、成形、发酵、成熟而制得的一种乳制品。乳酪通常是以牛乳为原料制作的，但是也有山羊、绵羊或水牛乳做的乳酪。大多乳酪呈乳白色到金黄色。乳酪含有丰富的蛋白质、脂肪和钙、磷、硫等矿物质及丰富的维生素。乳酪在制造和成熟过程中，在微生物和酶的作用下，发生复杂的生物化学变化，使不溶性的蛋白质混合物转变为可溶性物质，乳糖分解为乳酸与其他混合物。这些变化使乳酪具有特殊的风味，并促进消化吸收率的提高。乳酪是西点的重要营养强化物质。乳酪在乳制品中种类最多。由于成熟工艺的不同，会使乳酪具有不同的风味、口感和贮藏性能。其中主要有：软质乳酪、半硬质乳酪、硬质乳酪、超硬质乳酪、加工乳酪、奶油乳酪等。

鲜乳酪，又称芝士，是由牛乳中酪蛋白凝缩而成，用于西点和制作芝士蛋糕使用。

烘焙中用得比较有名的几种乳酪如下。

①奶油乳酪：它是一种未成熟全脂乳，经加工后，其脂含量可超过50%，质地细腻，口味柔和。因同样不需要酝酿的过程，所以也算是一种“新鲜乳酪”。不同的是这类乳酪还加入了鲜奶油或鲜奶油和牛乳的混合物，所以才称为奶油乳酪。奶油乳酪是乳蛋糕中不可缺少的重要材料。

一般在做乳酪蛋糕使用的奶油乳酪为块状包装产品，奶油乳酪的质感看起来与奶油有点类似，但色较为浅白，气味也大不相同。

奶油乳酪

②马斯卡彭乳酪：马斯卡彭乳酪是意大利式的奶油乳酪，原产意大利，是一种将新鲜牛乳发酵凝结、继而去除部分水分后所形成的“新鲜乳酪”，其固形物中乳酪脂成分80%。软硬程度介于鲜奶油与奶油乳酪（又名凝脂乳酪）之间，带有轻微的甜味及浓的口味。由于未曾经过任何酝酿或成熟过程，遂而仍保留了洁白湿润的色泽与清新的奶香，带有微微的甜味与浓厚滑腻的口感，越是新鲜，味道越好。

马斯卡彭乳酪

③马苏里拉乳酪：比萨上面拉丝的乳酪就是这种，是意大

利坎帕尼亚和那不勒斯地方产的一种淡味乳酪，早年是用生长在那不勒斯西南部的水牛产的乳制成，现代用普通牛产的乳也可以制作，但与水牛乳的制品比较，在口感上缺乏水牛乳品的甜度和深广度。其成品色泽淡黄，含乳脂50%。

马苏里拉在意大利被称为“乳酪之花”，因为质地潮润香滑，极适合制作糕点，而菜肴上与番茄和橄榄油搭配更是锦上添花。

马苏里拉乳酪

④切达乳酪：又称车打乳酪、车达乳酪，其名来源于16世纪的英国原产地切达镇，是英国莫特郡切达地方产的一种硬质全脂牛乳乳酪，历史悠久。色泽白或金，组织细腻，口味柔和，含乳脂45%，如今已广传于世界许多地区，尤其是美国，由于美国产量之高和食用者之多，甚至有人将它称之为“美国乳酪”了。它是用全脂牛乳制成的，是最基本的乳酪之一。

切达乳酪

⑤比然乳酪：法国最著名的乳酪之一，因产于中央省的比然地区而得名。有许多品种，一般色泽由淡白到淡黄，质软味咸，奶香浓郁。呈圆形，直径18～35厘米，重量1.5～2千克，含乳脂45%。比然乳酪最早制于17世纪，被称为“乳酪之王”，享誉全世界。

⑥帕玛森乳酪：这是一种意大利硬乳酪，经多年陈熟干燥而成，色淡黄，具有强烈的水果味道。用途非常广泛，不仅可以擦成屑，作为意式面食、汤及其他菜肴的调味品，还能制成精美的甜食。意大利人常把大块的帕玛森乳酪同无花果和梨一起食用，或把它切成小块，配以开胃酒，当作餐前小点。又因其成熟期较长，所以比其他乳酪更容易被人体消化吸收，现已成为世界上最佳的乳酪品种之一。

帕玛森乳酪

六、油脂

油脂是指供人食用的以脂肪为主，并含有其他成分的混合物。按通常存在的状态可分为油和脂，在常温下，呈液态的为油，呈固态的为脂。实际上油和脂并无严格的界限，人们日常把油和脂混叫或连在一起称油脂。

油脂具有疏水性和游离性，在面团中，能和面粉颗粒表面形成油膜，阻止面粉吸水，阻碍面筋形成，使面团的弹性和延伸性减弱，而疏散性和塑性增强。油脂的游离性与温度有关，温度越高，游离性越大。在西点制作中，正确使用油脂的疏水性和游离性，制定合理的使用油脂比例，有利于制出理想的产品。

（一）食用油脂的性质

食用油脂中含有的脂肪及其他一些非甘油酯类的化合物共同构成了食用油脂的基本性质，这些性质不仅决定了它们在西点中的重要作用，而且也是食用油脂进行储存保管的依据。

1. 色泽和气味

食用油脂都具有一定的色泽和气味，它是区别不同的油脂种类及鉴定质量优劣的依据。食用油脂的色泽和气味主要是由食用油脂中非甘油酯类成分引起的，比如棉籽油的颜色很深，这主要是含有黑紫色的棉籽嘌呤的缘故。芝麻油较一般植物油颜色较深、香味足，这主要是由色素和酚、醇及乙酰吡嗪等芳香物质所致。利用不同食用油脂的色泽和气味可以增加食品的风味。

2. 熔点

食用油脂的熔点是由构成脂肪成分的脂肪酸的碳链长短而决定的，因此，各种食用油脂的熔点是不相同的，比如大豆油的熔点在－18～－8℃，花生油的熔点在0～3℃，棉籽油的熔点在3～4℃，而猪油的熔点在28～48℃。食用油脂的熔点还与其脂肪酸的饱和程度有关，熔点低，不饱和脂肪酸的含量就高，其营养价值也就高。植物油脂熔点比动物油脂低，所以营养价值要高些。因此，不同油脂的熔点是检验其质量和采取不同方法的重要依据。

3. 溶解性

精炼的食用油脂不含水分，密度比水轻，能浮于水面而不溶于水，但易溶解于乙醚、丙酮、烃、苯、二硫化碳等溶剂。在一定的温度下，食用油脂的部分脂肪成分能溶入部分水，如硬脂酸成分在69℃时每100克可溶入水0.29克。

4. 黏度

食用油脂虽不溶于水，但黏度比水高，因此在西点中食用油脂能很好地黏附在食品上，改变点心的滋味和光泽。

5. 乳化

食用油脂在一般情况下不溶于水，但在一定的条件下，油脂能呈微滴状分散于水中形成稳定的乳浊液。

6. 温差幅度

食用油脂的温差幅度很大，在加热之后，油脂的温度很容易升高，而且能达到极高的温度（沸点），有的甚至可以超过300℃。由于食用油脂温差幅度很大，在西点中，适当运用油温，可以使制品形成不同质感、味感。

7. 水解和氧化

食用油脂在酸、碱、酶及热的作用下能发生水解。在加热情况下，只能使油脂部分地水解出脂肪酸，因此能促进人体对油脂的消化吸收。食用油脂在空气中还能自发地进行氧化并生成过氧化物，所以，在保管食用油脂时，避免长时间在空气中露放，是防止油脂氧化的关键。

8. 热变性

食用油脂在加热过程中，由于长时间加热或温度过高可发生黏度增高或经水解后再缩合成相对分子质量高的醚型化合物，产生刺激性气味等变化，使其味感变劣，丧失营养，甚至还会产生毒性。所以在加热中必须控制适当的温度。

（二）食用油脂的分类

1. 植物油类

植物油类主要是从植物的种子和果实中提取出来的，主要含有不饱和脂肪酸，常温下为液体，其加工性能不如动物油脂，一般多用于油炸类产品和一些面包色拉油类的生产。

食用植物油脂按来源可分为豆油、花生油、菜籽油、棉籽油、玉米油、芝麻油、椰子油、橄榄油等。

2. 动物脂类

动物脂类是通过对动物性的脂肪组织进行熬炼提出的，一般呈固态或半固态。提取的方法通常有干炼法和水煮法两种。干炼法就是把生的动物性脂肪原料直接放入锅中熬炼。水煮法则是将其与水共煮或让蒸汽直接进入生脂原料中，使细胞受热破裂，油滴溶出，水分蒸发掉后油即可取出。水煮法提取的油脂质量优于干炼法，具有熔点高、可塑性强、起酥性好的特点，色泽、风味较好。

另外，按照不同品种，有专门的品种用油。如面包专用油、发酵调和油、奶味酥油、烘焙奶油、起酥油、片状酥皮油、南甜奶油、夹心奶油、烤焙奶油、玛琪淋油、乳化油等。

（三）食用油脂在西点制作中的作用

1. 改变面团的物理性质

在调制面团时，将油脂加入后，油脂覆盖于面粉的周围。由于油脂的疏水性，限制面筋蛋白质吸水，还由于油脂的隔离作用，使已形成的面筋不能相互黏合而形成大的面筋网络。同时使淀粉与面筋不能结合，降低了面团的弹性、韧性、黏度，增强了面团的可塑性。

2. 促进起酥类制品形成均匀的层次组织

丹麦起酥等层酥点心制品是将面团擀开，包入油脂，然后采用反复擀压折叠的方法制成。可塑性良好的油脂能与面团一起延伸，每两层面团中有一层油层。在烘烤过程中，此油层中的水受热会形成水蒸气，此时固体油脂也变成液体油而分布在面团表面形成可隔离水蒸气的薄膜，再利用水蒸气的力量将面团撑起分层，就形成酥脆、层次分明的起酥类点心制品。

3. 促进面包体积增大

面团在搅拌时加入油脂，搅拌过程中油脂使面筋与淀粉界面上形成润滑膜，与面筋紧密结合后，利于面筋网络的延伸。油脂的润滑作用使面团在发酵过程中的膨胀阻力减小，面团的延伸性能增强，从而增大产品体积。

4. 促进制品体积膨胀、酥性增强

由于油脂具有很好的起酥性及充气性，在制作过程中加入大量油脂，其限制了面团面筋的形成，并可使面团以薄膜状分布，在搅拌中能够冲入大量空气并包裹住，使制品在烘焙中因气体膨胀而产生酥松、松脆的口感。

5. 促进乳化，使产品质地均匀

油脂具有很好的乳化性，有利于面团中油、水、蛋的均匀混合，使产品性质均匀。

6. 油脂用作传热介质，形成油炸制品特色

油脂具有较高的热容量和发烟点、燃点，它可作为油炸食品的传热介质，能够使制品快速成熟、上色，具有质感丰富、香味浓郁的特点。

7. 增进制品风味和营养，补充人体热能

各种油脂都有它独特的香味，西点中加入油脂不仅可以使制品带有独特的风味，也可以通过烘烤，在高温及缺氧的情况下，使少量油脂发生分解、酯化反应，形成特殊芳香。

油脂中含有大量脂肪，能够提高制品热量，可以补充人体能量。油脂除含脂肪外，还含有很多营养物质，如必需氨基酸、脂溶性维生素、磷脂等，具有很好的营养价值。

（四）西点制作中常用的油脂

1. 花生油

花生油是从花生仁中提取的油。按加工方法和精制程度不同，分为毛花生油、过滤花生油和精制花生油三种。毛花生油呈深黄色，含有较多的水分和杂质，浑浊不清，但可食用。过滤花生油较为澄清，但不易保管，耐贮性差。精制花生油透明度较高，所含水分和杂质较少，因经碱制除去了游离酸，不易酸败，是良好的食用油。用冷压法提取的花生油，颜色浅黄，气味和滋味均好。用热压法提取的花生油，则为浅橙黄色，有炒花生的气味。花生油在夏季是透明的液体，到冬季则为黄色半固体状态，属半干性油脂。我国主要产区在华东、华北等地，各地区人民多喜食用。

花生油

花生油在西点中的应用是用于炸制各类酥点，制作一些酥类面团和调制一些馅料。

2. 玉米油

玉米油是从玉米中提炼的油，为一种新生产的食用油。玉米油色泽淡黄透明，内含60%脂肪酸，还含有较多的人体可需要的油酸、亚油酸及谷维素，对降低人体血清胆固醇的浓度有较好的效果，有防止动脉血管硬化的功能，被称为非常合适的食用油脂。其熔点低，易为人体消化吸收。

玉米油

玉米油在西点中的应用主要用于制作一些高档点心的炸制。

3. 椰子油

椰子油是由热带植物椰子树的果实所提出的一种植物油。椰子取油的方法有两种：一种是水煮法，即将新鲜的椰子果实用刀割成两半，再将果肉刨成丝，然后将丝用水煮，椰油就透出浮于水面。此法简单，一般均可自取，若无新鲜椰子果实，也可用干椰果提取。另一种是压榨法，先将椰子果实的肉加以干燥再经机器细碎，蒸熟，然后用机器压榨，干椰子果实一般含油量为65%～72%。

椰子油

椰子油因含大量相对分子质量低的饱和脂肪酸，所以在常温下是固体，较稳定，不易酸败，遇热不是逐渐软化，而是在几摄氏度的范围内，由脆性固体骤变为液体。

椰子油在西点中的应用是为了增加中链脂肪的摄入量，用椰子油代替其他食用油烹调是最简便的办法。由于椰子油是饱和油，加热不会产生自由基。椰子油的熔点是23℃，在这温度之上，它是液体；低于此温度是白色糊状物。其发烟点较低，为177℃以下。使用椰子油烤制面包、松饼时，炉温可高于此温度。椰子油性能稳定，不需冷藏保存。它在常温中至少可放置2~3年。

4. 橄榄油

橄榄油在地中海沿岸国家有几千年的历史，在西方被誉为“液体黄金”“植物油皇后”“地中海甘露”，原因就在于其极佳的天然保健功效、美容功效和理想的烹调用途。可供食用的高档橄榄油是用初熟或成熟的油橄榄鲜果通过物理冷压榨工艺提取的天然果油汁，是世界上唯一以自然状态的形式供人类食用的木本植物油。

橄榄油

5. 猪油

猪油又称大油，是由猪的脂肪组织提炼出来的，常温下为固体状油脂。猪油根据部位来源不同，可分为板化油、脚化油、肉化油和骨化油等。其中板化油最佳，脚化油次之。其品质以液态时透明清澈，固态时色白质软，明净无杂质，香而无异味者为佳。

猪油存放时间不宜过长，特别在温度高的夏天极易与空气接触而发生氧化，致使酸败变质。酸败变质的猪油会产生“哈喇味”，不宜食用。

猪油熔点高，利于加工操作，具有色泽洁白，起酥性、可塑性良好等优点。在西点中主要运用于制作蛋挞皮和牛角包等。西点配方中起酥油用猪油比较合适。在西点产品中也可用于面包、派等。用猪油制出的成品，品质细腻，口味颇佳。

6. 黄油

黄油又称乳脂、白脱，是由牛乳或者鲜奶油提取出来的油脂。其加工方法为：将牛乳用油脂分离机分出稀乳脂后，经发酵（或不发酵）、搅拌、凝集、压制即成黄色固体状的黄油，具有特殊的奶油香味。黄油含脂肪在80%以上，其余大部分为水和少量乳糖、蛋白质、维生素、矿物质与色素等，营养丰富；亲水性较其他油脂强，容易乳化，易被人体消化吸收。市场上卖的黄油中，有的添加了食盐。

黄油

因其乳化性、起酥性、可塑性均较好，常被用来调制奶油膏和制作起酥糕点，也可用于制作各种糕点、糖果，是制作面包、蛋糕的主要原料。

固体黄油加糖打发后，颜色变浅，体积增大，其中裹入大量细小气泡，奶油蛋糕、曲奇就是靠打发的黄油产生疏松的口感。做派皮和蛋挞皮时，碎成小块的固体黄油与面粉夹杂在一起而不是均匀混合揉成团，烘烤后，黄油化开，因此面皮酥脆易碎裂。做千层饼时，黄油直接用作裹入油，叠成面皮和黄油交替成层，烘烤后，黄油化开，面皮就分出很多酥层。

黄油有动物性黄油和植物性黄油两种。

动物性黄油是从牛乳中分离提炼加工出来的一种比较纯洁的油脂，所以有些地方也叫牛油。常温下，动物性黄油呈浅黄色固体，其脂肪含量在80%以上，熔点在28～33℃，凝固点为15～25℃，具有奶脂香味。动物性黄油含有丰富的蛋白质和卵磷脂，具有亲水性强、乳化性能好、营养价值高的特点，能增强面团的可塑性、成品的松酥性，使成品的内部松软滋润。动物性黄油融化使用，油脂味比较重。

植物性黄油，英文名是margarine，是将植物油部分氢化以后，加入人工香料模仿黄油的味道制成的黄油代替品。

7. 人造黄油

人造黄油是以氢化油为主要原料，添加适当的牛乳制品、香料、乳化剂、防腐剂、抗氧化剂、食盐和维生素，经混合、乳化等工序而制成的。它的乳化性、熔点、软硬度等可以根据各种成分配比来调控。一般的人造黄油熔点是35～38℃。人造黄油具有良好的延伸性，其风味、口感与天然黄油相似。

8. 奶油

近年来在西点制作中，还大量使用植物奶油，也称为人造奶油，是以大豆蛋白为主要原料制成的，其成分中没有一点乳制品，以植物脂肪和植物蛋白为主要成分，添加乳化剂、稳定剂、蛋白质、糖、食盐、色素、香精等辅料，经特殊工艺加工而成的。由于使用方便、发泡性能好、稳定性强、奶香味足、不含胆固醇，逐渐取代了传统的动物脂鲜奶油，成为制作蛋糕的主要原料。

奶油

动物奶油和植物奶油的区别如下。

（1）颜色　动物奶油：纯乳脂奶油呈自然的乳白色，略偏黄。植物奶油：由于是人为合成，颜色大多呈现亮白色，与动物奶油相比更白。

（2）气味　动物奶油：作为天然提取物，闻起来会有一股天然的奶香味，越是等级高的动物奶油，含乳脂量越是丰富，因此奶味越香浓，甚至鼻子灵敏的会觉得有一股奶膻味。植物奶油：因为它本身不是乳制品，它的香味来自所添加的香精和香料，所以闻起来没有什么奶味，或者是“清香”。

（3）口感　动物奶油：因为动物奶油的熔点低于人体温度，所以会有入口即化的口感，而且本身是不含糖的，需要在打发时加砂糖之类进行调味，所以甜度不会有油腻感，十分清爽。植物奶油：甜度来自人工添加的香精和合成糖浆，所以较为甜腻，而且吃完后会觉得口中有一层油脂，所以吃植物奶油会觉得很油腻。

（4）造型质感　动物奶油：质地绵软，温度略高就容易融化，造型不稳定，很难做复杂和立体感强的造型。植物奶油：塑性和稳定性高，所以可做复杂的花形，而且造型非常立体坚挺。

9. 起酥油

起酥油是以精炼的动植物油、氢化油等油脂为原料，经混合、冷却、塑化等工艺加工而成，具有可塑性、乳化性等加工性能的固态或流动性的油脂产品，能对面制品起显著疏松作用。起酥油一般不直接食用，是制作食品加工的原料油脂。起酥油种类很多，有较高效稳定性起酥油、溶解性起酥油、装饰性起酥油、蛋糕用液体起酥油等。

10. 蛋糕油

蛋糕油又称蛋糕乳化剂或蛋糕起泡剂，它在海绵蛋糕的制作中起着重要的作用。

在20世纪80年代初，国内制作海绵蛋糕时还未有蛋糕油的添加，打发的时间非常长，出品率低，成品的组织也粗糙，还会有严重的蛋腥味。后来添加了蛋糕油，制作海绵蛋糕时打发的全过程只需8～10分钟，出品率也大大地提高，成本也降低了，且烤出的成品组织均匀细腻，口感松软。

蛋糕油的添加量一般是鸡蛋用量的3%～5%。因为它的添加是紧跟鸡蛋用量变化的，每当蛋糕的配方中鸡蛋增加或减少时，蛋糕油也须按比例加大或减少。要在面糊的快速搅拌之前加入，这样才能充分地搅拌溶解，也就能达到最佳的效果。

蛋糕油一定要保证在面糊搅拌完成之前能充分溶解，否则会出现沉淀结块，面糊中有蛋糕油的添加则不能长时间地搅拌，因为过度的搅拌会使空气拌入太多，反而不能够稳定气泡，导致破裂，最终造成成品体积下陷，组织变成棉花状。

思考题

1. 面粉的分类有哪些？在使用中应注意什么？
2. 西点中常用的淀粉有哪些？各有什么特点？
3. 蛋的品种及其营养成分有哪些？在西点制作中的作用是什么？
4. 西点制作中常用的乳制品有哪些？有什么特点？
5. 西点中常用的油脂有哪些？

任务2 辅助原料

一、果品

果品是鲜果、干果和果制品的统称，是人工栽培的木本和草本植物的果实或种子以及其加工制品的总称，是人们日常生活中重要的副食品来源。

果品在西点中应用较广，主要是作为西点馅心的原料。我国是盛产果品大国，果品资源十分丰富，一年四季均有供应，尤其是夏秋两季上市最多，具体品种已达10000多种，现仍在不断开发新品种。

我国土地辽阔，地形复杂，寒、温、热三带气候俱全。因此，果树资源丰富，果品繁多。按果成熟后含水的多少，果品可分为鲜果（如桃、梨、杏、苹果、柑橘、香蕉、菠萝等）和干果（如栗子、核桃、花生等）。按果实的构造特点，果品可分为：仁果类、核果类、浆果类、坚果类、柑橘类、复果类。

（一）鲜果

1. 苹果

苹果又称平波、频婆。果实呈圆、扁圆、长圆、椭圆等形状，果皮青、黄或红色。苹果的品种很多，亚洲是世界上最主要的苹果产区，但是大部分国家单产较低，质量较差；欧洲位居第二，西欧苹果单产较高，质量也高；北美、南美及澳洲国家总产量相对较低但单产和品质高。苹果的生产新趋势是向优势区域集中。目前我国有400余种，市场常见的有几十种，根据成熟期可分为早熟种、中熟种和晚熟种。苹果的性质特点随不同地区、不同品种而不同，口味多呈酸甜味。

苹果

苹果营养丰富，富含糖类、维生素、果胶、有机酸以及钙等无机盐，苹果中的果胶还能调整人体生理机能。

苹果在西点运用中多用于馅心，也可做成苹果酱等。

2. 香蕉

香蕉原产于亚洲东南部热带、亚热带地区。我国是世界上栽培香蕉的古老国家之一，目前国外主栽的香蕉品种大多由中国传去。香蕉分布在东、西、南半球南北纬度30°以内的热带、亚热带地区。世界上栽培香蕉的国家有130个，以中美洲产量最多，其次是亚洲。我国的广东、广西、台湾、福建、云南、贵州、四川等地有栽培香蕉。其主要品种有粉蕉和甘蕉两大类，一般7~11月上市。优良品种有北蕉、短香蕉、天宝蕉等。香蕉果实成串，成熟后色泽金黄，果肉白色略浅黄，食用其胎座，供鲜食，大蕉类可代替粮食。

香蕉

香蕉营养丰富，富含糖分、无机盐和多种维生素，有止烦渴、润肺肠、通便、降血压、镇静等作用。

香蕉在西点中主要用于制作馅心：如“香蕉月饼”，从香蕉中提取的香蕉精是食品中的名贵香料，在西点运用较广。

3. 菠萝

菠萝又称凤梨、露兜子、菠萝蜜等。果实为球果状，汁液丰富，香味浓烈。

菠萝

菠萝是世界著名果品，也是重要的水果之一，原产巴西，我国热带地区盛产，主要有夏威夷种、神湾种和本地种。

菠萝营养丰富，富含维生素C、糖分及多种有机酸，有清热解渴、消食止泻、利水消肿等功效。菠萝中还含有一种“菠萝酶”物质，对口腔黏膜和嘴唇皮肤有刺激作用。因此，鲜食时可用盐水浸泡一段时间，因为食盐能抑制菠萝蛋白酶的活性，但菠萝过敏者忌食。

菠萝在西点中多用于制作甜味的馅心，也可用于装饰点缀、榨汁等。

4. 草莓

草莓

草莓又称洋莓、地莓、地果、红莓等。果实为聚合果，形状有圆锥形、圆形、心脏形。原产南美洲，我国20世纪初引进栽培，其品种繁多，全世界有2000多个品种，每年5、6月份为上市季节，果实鲜红美艳，柔软多汁，酸甜宜人，芳香馥郁，有“水果皇后”的美誉。

草莓营养丰富，富含果糖、蔗糖、各种有机酸、维生素和矿物质。

草莓在西点运用中，多用于制作草莓酱及装饰点缀美化作用。

5. 蓝莓

蓝莓

蓝莓，一种小浆果，果实呈蓝色、色泽美丽，被一层白色果粉包裹，果肉细腻、种子极小，甜酸适口，具有香爽宜人的香气，为鲜食佳品。起源于北美，多年生灌木小浆果果树。因果实呈蓝色，故称为蓝莓。

蓝莓主要分布在气候温凉、阳光充足地区，如朝鲜、日本、蒙古、欧洲、北美洲以及中国的黑龙江、内蒙古、吉林长白山地区，生长于海拔900~2300米的地区，多见于针叶林、泥炭沼泽、山地苔原和牧场，也是石楠灌丛的重要组成部分。北美地区的蓝莓质量全球闻名，主产于美国，又被称为美国蓝莓。

蓝莓果实中含有丰富的营养成分，具有防止脑神经老化、保护视力、强心、抗癌、软化血管、增强人机体免疫等功能，营养成分高。

蓝莓在西点运用中，多用于制作蓝莓酱及装饰点缀美化作用。

6. 椰子

椰子为棕榈科植物椰子树的果实，起源于东南亚马来群岛，是我国热带主要果品之一。我国主要产于海南、台湾等地。椰子果实呈坚果状，外果皮薄，中果皮厚。其果肉白色乳脂状、质脆滑，有花生仁和胡桃肉混合的香气，椰汁丰富、乳白。品种有高椰和矮椰之分。

椰子

椰子肉及汁营养丰富，富含蛋白质、脂肪及糖类多种纤维素和无机盐。

椰子可加工成椰蓉，是西点中常用的原料，椰肉可作为西点馅心原料使用。

7. 柑橘

柑橘原产我国，是世界上最重要的水果品种，也是我国的四大水果之一。我国的柑橘包括柑和橘两大类，含有丰富的营养包括维生素、碳水化合物、蛋白质、脂肪、膳食纤维、烟酸以及钾、钠、钙、磷、镁等无机盐。

柑橘

柑橘除鲜食外，还可用于冷盘拼摆、果盘制作，从果实里提取的芳香油可用于制作糕点、糖果和饮料，还可以制作西点的馅料，味道鲜美。

8. 柠檬

柠檬，又称洋柠檬，原产于马来西亚。果呈椭圆形或卵圆形，果皮黄色，表面粗糙，两端呈乳头状，果皮厚而香，果肉具有浓烈的香气和酸味。著名品种有香柠檬、里斯本柠檬等。

柠檬

柠檬一般生食，还可以制作水果慕斯、蛋挞等。

9. 猕猴桃

猕猴桃又称阳桃、藤梨、羊桃、仙桃、奇异果等，俗称猴子梨、茅梨，为猕猴桃科植物猕猴桃的果实。

猕猴桃

猕猴桃果皮鲜绿或淡褐，果肉青绿或嫩黄，果心乳白，切片后晶莹透明，并有放射状花纹，乳香幽幽，清爽多汁，甜酸适口，风味独特，色香味俱佳。

猕猴桃营养丰富，含蛋白质、脂肪、膳食纤维、碳水化合物、维生素。

猕猴桃除鲜食外，西点中主要用来制作水果蛋糕、甜点等。

10. 火龙果

火龙果，又称红龙果、龙珠果、仙蜜果、玉龙果。火龙果为热带、亚热带水果，喜光耐阴、耐热耐旱。原产地为中美洲的哥斯达黎加、危地马拉、巴拿马、厄瓜多尔、古巴、哥伦比亚等地。后传入越南、泰国等东南亚国家和我国台湾、海南、

火龙果

广西、广东、福建、云南等地。

火龙果果实，呈椭圆形，直径10～12厘米，表皮红色，肉质，具卵状而顶端极尖的鳞片，果皮厚，有蜡质。果肉白色或红色。有近万粒具香味的芝麻状种子，故称为芝麻果。

火龙果因为外表像一团愤怒的红色火球而得名。里面的果肉就像是香甜的奶油，但又布满了黑色的小籽。质地温和，口味清香。

火龙果营养丰富、功能独特，它含有一般植物少有的植物性白蛋白以及花青素，丰富的维生素和水溶性膳食纤维。

11. 芒果

芒果是一种原产印度的漆树科常绿大乔木，而后传入泰国、马来西亚、菲律宾和印度尼西亚等东南亚国家，再传到了地中海沿岸国家，直到18世纪后才陆续传到巴西、西印度群岛和美国佛罗里达州等地，这些地方都有大片的芒果林。芒果叶革质，互生，果实成熟时黄色，味甜，果核坚硬。

芒果

芒果为著名热带水果之一，芒果果实含有糖、蛋白质、粗纤维、维生素A、胡萝卜素等，是所有水果中少见的。可用于制作面包、蛋糕、甜点等。

12. 车厘子（樱桃）

车厘子是英语“樱桃”的音译，在广东及香港被直译为“车厘子”，又名楔荆桃、含桃、朱樱、乐桃、表桃、梅桃、荆桃、崖蜜等。但它不是指个小色红皮薄的中国樱桃，而是指产于美国、加拿大、智利等美洲国家的个大皮厚的樱桃。

车厘子呈暗红色，果实硕大、坚实而多汁，入口甜美，略带粉红润泽，果肉细腻，色清，汁无色，入口清香可口，甜美细嫩。果实营养丰富，含铁量高，具有促进血红蛋白再生，对贫血患者有一定的补益作用。

车厘子

13. 百香果

百香果，西番莲科西番莲属的草质藤本植物，浆果卵球形，熟时紫色，种子多。我国主要分布于广东、广西、海南、福建、云南、台湾。百香果主要有紫果和黄果两大类。

百香果果实呈球形或长圆球形，内有黄色果汁和黑色种子，含有蛋白质、脂肪、糖类和多种维生素及氨基酸等，营养丰富，酸甜可口，有石榴、香蕉、草莓、柠檬、芒果、酸梅等多种水果的香味，风味浓郁，芳香怡人，可鲜食和加工，可以加工成果汁、果露、果酱、果冻、口含片，主要以加工成果汁食用为主。适合制作成冰沙、果冻和冰激凌。很适合与巧克力搭配，加工成糊状的百香果，非常适合制作西点。

百香果

14. 黑醋栗

黑醋栗

黑醋栗又名黑加仑、黑豆果，学名黑穗醋栗（*Ribes nigrum L.*），为虎耳草目，茶藨子科小型灌木，其成熟果实为黑色小浆果，内富含维生素C、花青素，可以食用。也可以加工成果汁、果酱等食品。其成熟果实为黑色小浆果。植株喜光、耐寒、耐贫瘠，是天山分布较广的经济林木。黑加仑的野生种分布在欧洲和亚洲。

黑醋栗味道酸甜细腻，多汁，整体偏酸。风味比较柔和，用途广泛，但不适合制作味道较重的蛋糕。

（二）干果

1. 松子

松子

松子是红松、华山松、白皮松等松树的种子，又称海松子、松子红。其外壳坚硬，松仁干香。我国是出口松子仁的主要国家，红松主要产于长白山和大小兴安岭一带，颗粒大、肉饱满、含油量高；华山松为我国特产品种，分布于山西、云南、河南、甘肃等地。

松子营养成分很高，富含蛋白质、脂肪、碳水化合物和无机盐，特别是不饱和脂肪酸含量极高，常食松子，可以强身健体，有润肺止咳、补肾益气、养血润肠等功效，特别是对老年体弱、腰痛、便秘、眩晕、小儿生长发育迟缓有积极作用。

松子仁经油炸或烘烤后，香脆诱人，因此，松子仁在西点运用中常用作配料和馅心，特别是糕点应用中较广。松子油是上等的食用油。

2. 花生

花生

花生又称落花生、花生果、成寿果等。其形状有长圆、长卵形、短圆形等，去壳后得花生仁，花生仁为其使用部分，又称生仁，外表有一层淡红色仁衣。花生的主要品种有普通型、蜂腰型、多粒型、珍珠豆型等，有“植物肉”“素中之荤”之称。花生原产巴西，约于16世纪传入我国，我国以黄河中下游产量最多。

现在有一种彩色花生，是普通花生因果仁颜色变异而产生的多种颜色，主要有富硒花生、白玉花生、珍珠花生等。

花生营养丰富，富含蛋白质、脂肪、矿物质及维生素，由于其脂肪含量丰富，多用于榨油，且其脂肪酸多为不饱和脂肪酸，是上等的优质油料。

花生仁经油炸或烧烤成熟后，香脆宜人，西点中多用作配料和馅心，也可制作花生酱等，其用途极广。

3. 芝麻

芝麻，又称胡麻，原产我国云贵高原。是我国四大食用油料来源之一，其形状扁圆，有白、黄、黑等颜色，以白色居多。

芝麻

芝麻营养丰富，特别是脂肪含量高达61%，脂肪中含有大量人体必需的脂肪酸，亚油酸含量高出43.7%。特别是黑色芝麻，对人体有补肝益肾、润燥通便之功效。

芝麻油香气扑鼻，是西点中常用的调料。芝麻酱、芝麻粉、芝麻糊也是西点中常用的原料。

4. 板栗

板栗又称栗子、毛栗，是中国栽培最古老的品种之一。其果实为壳斗、球形，壳坚硬。生板栗肉质脆，熟板栗肉质糯。按产地有北方栗和南方栗两大类，北方栗坚果较小；南方栗坚果较大，肉偏粳。比较有名的品种有良乡板栗、明栗、大油栗、白毛栗、魁栗、浅刺大板栗等。板栗主要产于黄河流域及其以北的山地，每年9～11月份为上市季节。

板栗

板栗富含淀粉、蛋白质、脂肪，有“干果之王”的美称，板栗在西点运用较广，可加工成栗干、栗粉、栗酱等多种产品，可直接用于西点加工，也可用于配料或馅心。

5. 核桃

核桃又称胡桃。其果实呈椭圆或球形，内果皮坚硬，木质化，有雕纹，其种子称为桃仁。原产伊朗，现我国西北部盛产，每年9～10月份上市。核桃可分为绵桃和铁桃两个品种，以绵桃居多，质优，比较有名的品种有绵核桃、石门核桃、薄皮核桃、光皮核桃等。它与扁桃仁（大杏仁）、腰果、榛子并列为世界四大干果。有“大力士食品”“益智果”“长寿果”等美称。

核桃

核桃营养丰富，富含糖类、蛋白质、脂肪、矿物质和维生素，核桃在西点运用中，主要用作配料和馅心。

6. 桂圆

桂圆又称龙眼，原产我国南部和西南地区，主要分布在广西、广东、福建、台湾等地。鲜桂圆经加工后称桂圆干，果实圆形，壳硬、有核，果肉柔糯质薄。

桂圆营养丰富，含有较多的蛋白质、糖、脂肪、维生素和矿物质，其糖分主要为葡萄糖、蔗糖。桂圆肉质柔糯，在西点运用中常用来制作馅心或配料。

桂圆

7. 杏仁

杏仁是普通杏和巴旦杏的核仁，一般可分为苦杏仁和甜杏仁两种，苦杏仁含有苦杏仁苷和苦杏仁酶，苦杏仁苷可被苦杏仁酶水解产生氢氰酸和苯甲醛，有微毒，因此，一般供药用。甜杏仁颗粒比苦杏仁大，我国主要产于河北、新疆、陕西、内蒙古、甘肃一带，主要品种有白玉扁、龙王帽、九道眉等。

杏仁

杏仁富含蛋白质、脂肪、糖、维生素及矿物质，具有特殊香味，脂肪含量较高。在西点中运用较多，可作西点的配料和馅心，如五仁馅心等。

8. 腰果

腰果又称鸡腰果、介寿果。由果壳、种皮和种仁三部分组成，去其硬壳后的种子称为腰果仁，呈肾状，色泽玉白，长1.5～2厘米，清香。原产巴西，我国在20世纪30年代引种，主要产于广东、海南等地。腰果与核桃、榛子、扁桃仁并列为世界四大干果，为名贵干果。

腰果

腰果脂肪丰富，含有丰富的蛋白质、脂肪、糖类和各种维生素，其脂肪含量高达40%，其榨取的油是一种高级食用油。

腰果在西点运用中，主要用于配料或辅料。

9. 开心果

开心果，又名必思答、绿仁果等，是一种干果，类似白果，开裂有缝而与白果不同。开心果富含维生素、矿物质和抗氧化元素，具有低脂肪、低卡路里、高纤维的显著特点。

开心果

开心果主要产于地中海沿岸各国，我国新疆也有栽培。意大利、法国、希腊、土耳其、叙利亚、伊拉克、阿富汗、伊朗等地也有栽培，开心果适合在该区正常生长，且有很好的经济效益，同时可以作为一个优良的水土保持树种。

开心果在西点运用中用途较广，主要用作配料和馅心的原料。

10. 夏威夷果

夏威夷果，也称澳洲坚果、昆士兰栗、澳洲胡桃、昆士兰果，是一种原产于澳洲的树生坚果。果圆呈球形，果皮革质，内果皮坚硬，种仁米黄色至浅棕色。适合生长在温和、湿润、风力小的地区。夏威夷果的经济价值最高，素来享有“干果之王”的誉称，主要分布在澳大利亚东部、新喀里多尼亚、印度尼西亚苏拉威西岛。此外夏威夷果还具有很高的营养价值和药用价值。

夏威夷果

夏威夷果果仁香酥滑嫩可口，有独特的奶油香味，是世界上品质较佳的食用坚果，素有“干果皇后”之美称，风味和口感都远比腰果好。

11. 榛子

榛子是重要的坚果树种之一，是木本油料树种，为榛科榛属植物，全世界有16种，主要分布在亚洲、欧洲和北美洲。果形似栗，卵圆形，有黄褐色外壳。种仁气香、味甜、具油性，秋季成熟采收。在“四大坚果”中，榛子不仅被人们食用的历史最悠久，营养物质的含量也最高，有着“坚果之王”的称号。

榛子

榛子营养丰富，果仁中除含有蛋白质、脂肪、糖类外，胡萝卜素、维生素B_1、维生素B_2、维生素E含量也很丰富；榛子中人体所需的8种氨基酸样样俱全，其含量远远高过核桃；榛子中各种微量元素如钙、磷、铁含量也高于其他坚果。

榛子在西点运用中用途较广，主要用作配料和馅心的原料。

（三）果制品

1. 蜜枣、干枣

用鲜枣制成的果脯，一般称作蜜枣。制蜜枣的原料一般选用体大、核小、皮薄、果肉疏松、含水分较少、含糖量较高品种。

蜜枣

干枣是用鲜枣直接晒干制成的品种，分为大枣和小枣两个部分。

不论蜜枣还是干枣，都是西点中常用的原料，主要用作枣泥馅。

2. 葡萄干

葡萄干是将成熟的鲜葡萄经晾晒后的干制品，有白葡萄干和红葡萄干之分。制作葡萄干应选用皮薄、肉质丰满柔软、含糖高的品种，以新疆吐鲁番的无核葡萄干最为著名，采用的是阴干法，由于不受阳光照射，色泽鲜艳，果粒饱满。

葡萄干

葡萄干在西点运用中应用较广，主要用作配料或馅心。

3. 苹果脯

苹果脯是用新鲜苹果为原料加工制成的果脯。经去皮、切瓣、去籽、浸泡、抽空、糖煮、糖渍、烘烤、整形、干燥等工序制作而成，以有弹性、不黏糊、金黄色、扁圆形、柔软不烂、味甜不腻为上品。

苹果脯

苹果脯在西点运用中应用较广，可作配料或馅心。

4. 椰蓉

椰蓉是把椰子肉切成丝或磨成粉后，经过特殊的烘干处理后混合制成，是椰丝和椰粉的混合物。椰蓉本身是白色的，而市面上常见的椰蓉呈诱人的油光光的金黄色，这是因为在制作过程中添加了黄油、蛋液、白砂糖、蛋黄等。这样的椰蓉虽然口感更好，口味更浓，营养更丰富全面，但是热量较高，不宜一次食用过多，也不要将这种椰蓉撒在糖葫芦上食用。

椰蓉主要用来做糕点、月饼、面包等的馅料和撒在糖葫芦、面包等的表面，以增加口味和装饰表面。

椰蓉

5. 可可粉

可可粉是从可可树结出的豆荚（果实）里取出的可可豆（种子），经发酵、粗碎、去皮等工序得到的可可豆碎片（通称可可饼），由可可饼脱脂粉碎之后的粉状物，即为可可粉。可可粉按其含脂量分为高、中、低脂可可粉；按加工方法不同分为天然可可粉和碱化可可粉，其中碱化可可粉又分为轻碱化可可粉和重碱化可可粉；按颜色分为黑色可可粉、棕色可可粉、红色可可粉；按产地分为西非可可粉、印尼可可粉等。市场可提供各种规格的可可粉，颜色从浅棕色至深红色。

可可粉

可可粉是西点的常用辅料。可可粉具有浓烈的可可香气，适用于各类的蛋糕、面包等制作，也可作为颜色来使用，或者作为点缀来使用，也可用于高档巧克力、冰激凌、糖果、糕点及其他含可可的食品。

可可粉可与面粉混合制作各种巧克力蛋糕、饼干、面包，与奶油一起调制巧克力奶油膏，用于装饰各种蛋糕和点心，还可直接撒在蛋糕表面做装饰。

小贴士：

可可制品有如下几种。

（1）可可浆　又称可可块，是以纯可可豆为原料研磨成平滑的液体状态而产生，液体和块包大约53%的可可脂。

（2）可可脂　又称为可可白脱，是从可可液块中取出的乳黄色硬性天然植物油脂，是一种非常独特的油脂。可可脂除具有浓重而优美的独特香味外，在15℃以下，还具有相当坚实和脆裂的特性。可可脂放在嘴里很快融化，并不感到油腻，而且不像其他油脂一样，容易产生酸败。

（3）类可可脂　采用现代食品加工工艺。对棕榈油、牛油树脂、沙罗脂进行加工，获取与可可脂分子结构类似的油脂。

（4）代可可脂　是一类能迅速融化的人造硬脂，其三甘酯的组成与天然可可脂完全不同。

可可浆

6. 巧克力

巧克力

巧克力，原产中南美洲。其主要原料可可豆产于赤道南北纬18°以内的狭长地带。

巧克力是由可可浆、可可粉、可可脂、类可可脂、代可可脂、乳制品、白砂糖、香料和表面活性剂等为基本原料，经过混合、精磨、精炼、调温、浇模等工序的科学加工，具有独特的色泽、香气、滋味和精细质感的、精美的、耐保藏的、高热值的香甜食品。

巧克力常作为面包、蛋糕、小西饼的馅心、夹层和表面涂层、装饰配件，具有细腻润滑的口感，赋予制品浓郁而优美的香味，丰富产品的外观和营养价值。

（1）巧克力的种类　巧克力按其配方中原料油脂的性质和来源不同，可分为天然可可脂纯巧克力和代可可脂纯巧克力两大类。按照所加辅料不同可分为黑巧克力、白巧克力、牛奶巧克力、特色巧克力、无味巧克力等。

（2）巧克力的储存。

①巧克力的熔点在36℃左右，是一种热敏性强、不易保存的食品。储存温度应该控制在12～18℃，相对湿度不高于65%。储存不当会发生软化变形、表面斑白、内部翻砂、串味或香气减少等现象。

②打开包装后或没有用完的巧克力必须再次用保鲜膜密封，置于阴凉、干燥及通风之处，且温度恒定为佳。巧克力酱或馅料必须放入保鲜柜中储存。

③保存适当，纯巧克力及苦甜巧克力可以放置1年以上。牛奶巧克力及白巧克力不宜久放，一般不超过6个月。

7. 果酱

果酱是把水果、糖及酸度调节剂混合后，用超过100℃温度熬制而成的凝胶物质，也叫果子酱。

制作果酱是长时间保存水果的一种方法。主要用来涂抹于面包或吐司上食用。不论草莓、蓝莓、葡萄、玫瑰等小型果实，或李、橙、苹果、桃等大型果实切小后，都可制成果酱，有些果酱（如榴莲、菠萝）会使用胶体。果酱常使用的胶体包括果胶、豆胶及三仙胶。

果酱口感丰富，颜色绚丽多变，口味更加多变，果酱在西点中运用非常广泛，不仅可以在慕斯蛋糕制作中使用，在一般烘烤蛋糕中，也可以加入果酱，使其变得更加美味。

苹果果酱

（1）苹果果酱　是一种常见的苹果加工方式，其色泽为酱红色或琥珀色，具有苹果原有的良好风味，且甜酸适中，深受人们喜爱。苹果果酱的制作过程是果胶、糖、有机酸这三种成分在一定比例下形成凝胶的过程。

苹果果酱除含有大量的果糖、蔗糖以及果胶、水分外，还含有一定数量的果酸、维生素、蛋白质、脂肪和铁、磷、钙等人体不可缺少的营养成分。

草莓果酱

（2）草莓果酱　是由草莓、冰糖、蜂蜜等材料制作而成的一种食品。草莓因营养丰富，含有果糖、蔗糖、柠檬酸、苹果酸、水杨酸、氨基酸以及钙、磷、铁等矿物质，所以有“水果皇后”的美誉。

草莓果酱是最常见的果酱，制作时，以保持草莓的颗粒状更诱人食欲。选择以粒小带酸的草莓为佳。在火上煮的时间不可过长，否则果酱的色泽不佳。以中火过一下，去除水分即可。用木铲等搅拌时，注意不可捣碎草莓。也可使用微波炉，不必覆盖保鲜膜，放在“强”挡。

（3）百香果果酱　是一款家常甜品，制作原料主要有百香果、细砂糖、麦芽糖、柠檬汁等。

（4）蓝莓果酱　蓝莓的名称来源于英文blueberry，意为蓝色的浆果之意，多产自美国和加拿大。超市里销售的，大多是进口的新鲜蓝莓，不甜不酸，口感比较淡。产自我国大兴安岭的纯野生蓝莓，口感偏酸，蓝莓果酱在加入白糖煮开后，酸甜味道却刚刚好。蓝莓果酱熬好后，舀一勺放在芝士蛋糕里，酸甜清香。

（5）橙皮果酱　酸橙皮经水煮可去除果皮的苦味，这一步制作过程不可草率。若以蜂蜜增加甜味，风味更佳。橙皮果酱以酸橙、柚子、柠檬等柑橘类果实为原料，酸甜口味可自由调整。

（6）猕猴桃果酱　酱内不可有块状的果肉。猕猴桃的黑色果籽使口感更觉丰富。猕猴桃春夏秋冬不断季，极适合用作果酱的原料。

蓝莓果酱

橙皮果酱

猕猴桃果酱

二、香草

香草通常被认为是植物的绿色部分，一般指叶子，有时候也会用到茎。新鲜香草和干香草都可以使用，当香草干燥时，水分去除，香草的精油赋予香草香味。具体应用中，以新鲜香草应用较多。

香草盛产于地中海沿岸地区，尤其在意大利和希腊。香草的主要作用是增香去腥，柔嫩型香草更具一份装饰性。不同香草有着不同风味，所以在实际烹饪过程中我们更多是混合使用，如比萨等料理都使用了多种香草。

香草一般分为两大类：

柔嫩型香草：质地细嫩，长满叶片，枝干柔软，如罗勒、薄荷、欧芹、莳萝等。这些香草容易枯萎变色，时常需要大量使用，才能产生效果。通常起锅前添加或是用于调制酱汁。

硬实型香草：近似木头，其枝叶较硬实，如迷迭香、百里香、牛至、鼠尾草等。香气浓烈，只要使用少量即可产生显著效果。通常与其他香辛料一起下锅，经过烹煮使其软化，让香味渗入料理中。适合用于汤品、炖菜等需要长时间烹饪的料理。

新鲜香草味道干净鲜明，干燥香草则有着混浊和腐坏的味道。干燥过程使香草失去固有的特色。硬实型香草在高温下相对稳定，此特性有助于香草在干燥过程中保持原有的味道。相较之下，柔嫩型香草则在干燥过程中失去了大半味道。但新鲜香草往往有着干燥香草难以取代的效果，所以更推荐使用新鲜香草。

新鲜香草味道通常有三种方式来释放：剁碎、揉搓捣磨、加热。硬实型香草通过加热释出香味，柔嫩型香草则是最后添加。

香草在西点应用中，多用于馅料或点缀之用。具体有以下几种。

1. 罗勒

罗勒是一种温暖气候生长的草本植物，有丁香般的芳香，其气味清爽略甜，最常用于香草酱中，而且和番茄的味道非常相配，是意大利菜中使用最频繁、最具代表性的一种香草。罗勒有很多品种，常见的有甜罗勒、柠檬罗勒、丁香罗勒、紫罗勒等。

甜罗勒叶片较嫩，散发淡淡的清香，遇热易变黑，不耐煮。罗勒和番茄是最经典的搭配，主要用于制作青酱、玛格丽特比萨、各种沙拉的调味。本身装饰性较强，常用于西点装饰。

罗勒

2. 迷迭香

和罗勒一样，迷迭香是意大利最具代表性的香草。叶片质地坚硬，呈针状，叶子细狭长形，比一般常见薰衣草再细一些，特征是有辛辣和樟脑气味，略带苦味的清香，可去除肉类的腥味，但由于气味较重，要控制使用分量。

迷迭香香味浓郁，久煮不散，带有松香、茶香。意式佛卡夏面包用到迷迭香。但要注意迷迭香少量使用会有淡淡的草木香，放多了会发苦。用橄榄油浸泡迷迭香，拌入沙拉或蘸面包都非常不错。迷迭香与欧芹（荷兰芹）、甜罗勒皆是应用最广泛的香草。可生吃，但味道会比较浓郁。

迷迭香

3. 欧芹

欧芹又称法国香菜、荷兰芹，风味清新，与芹菜相近，但味道略重于芹菜，在意大利菜和法国菜的应用频率很高，在西点中应用不多。欧芹温和百搭，常用作掩饰其他食材中过强的异味而使之变得清香。吃蒜后嚼一点欧芹叶，可消除口齿中的异味。欧芹分为平叶欧芹和卷叶欧芹，平叶欧芹用于调味。

欧芹

4. 薄荷

薄荷是原产地中海的紫苏科植物，有清新凉爽的香味，清冽的芳香，提神醒脑，最常用于饮料的调制和甜品的装饰。和番茄、芝士的味道很相配，做薄饼时少不了它。薄荷原生品种有600多种，除西餐常用的绿薄荷外，还有胡椒薄荷、巧克力薄荷、日本薄荷、茱莉亚甜薄荷等。绿薄荷又称荷兰薄荷，口感软嫩，口味清甜，香气、凉度适中，不像茱莉亚甜薄荷有凉度过呛的特性，也不像巧克力薄荷、日本薄荷有柳橙、葡萄柚般特殊口味，在西点中常作为柠檬派等甜点的装饰。新鲜薄荷可直接当蔬菜食用，常用于沙拉。

薄荷

5. 莳萝

莳萝和茴香很容易被搞混。莳萝植株外形与茴香相似，但味道确实不同。莳萝味道清淡，香气清凉，温和不刺激，味道偏辛香甘甜。莳萝叶有“鱼之香草”的美誉，经常与奶油或乳酪制作酱汁，用于西点制作中。

莳萝

6. 百里香

百里香又名麝香草，一种有强烈芳香气味的草本植物，具有浓郁和辛辣刺激的味道和清爽甘甜的香气，常用于法国、意大利、中东料理中。通常只使用叶片部分，即使长时间烹调也不失香味，因此非常适合用在烘烤上。西点中常用于增加一些面包的香气。

百里香

三、水

水是西点产品中用量很大的一种原料，水的添加量是最直接影响产品的成本因素。同时，水也是最好的水溶剂，能够溶解和很好地混合各种西点原料。水的种类大致分为以下三种：

硬水，含丰富的矿物质，比如天然的泉水或井水等。

软水，含的矿物质很少，比如蒸馏水和纯净水等。

自来水，此水是介于上述两种之间，目前西点制品中多用自来水，不过我国南北方水质有一定的差别。

软水不适合制作面包，由于矿物质含量过低，使面筋黏性增加，不易操作，供给酵母的养分也很有限；硬水也不适合制作面包，由于其矿物质含量太高，会导致面筋的韧性过强，反而对酵母有抑制作用。

（一）水的性质

纯净的水是无色、无味道、无气味的透明液体。水的沸点随着外界压力的增大而升高，在一个标准大气压下，水的沸点是100℃。减压时，沸点降低；加压时，沸点升高。欲使食物脱水而又不需要高温时，可以利用减压的办法；欲缩短食物成熟时间，需提高蒸煮温度，可利用高压炊具。

在冰点时，水分冻结，体积膨胀，冰晶形成，从而使富含水分的原料或食品在冷冻保藏时造成组织的损坏；另外，冰在融化时可以吸收食物的热量而使其降温，常用于冷藏和冰镇食物。

水具有很强的溶解能力，可以溶解离子型化合物、非离子极性化合物，有些不溶于水的高分子化合物，如蛋白质、多糖、脂肪等，在适当条件下可以分散在水中，形成乳浊液或胶体，如制作奶汤、胶冻即利用了此原理。

水的比热容较大，广泛作为传热介质使用，如煮、烫等加热方式；另一方面，还可采用漂洗等方法使原料迅速降温。当利用蒸汽传热时，水蒸气在食物表面由气态转化为液态，释放出大量的潜热，从而使食物在短时间内成熟，并避免了水溶性营养物质的损失。

（二）水在西点制作中的作用

（1）调节面团软硬度及温度，方便操作。

（2）增强产品的柔软性，使口感更好。

（3）使面粉中的淀粉吸水糊化，更容易被人体消化。

（4）水的温度能够影响面团的发酵，帮助酵母更好地繁殖和发酵。

（5）面粉中的蛋白质吸水形成面筋，构成面包的支撑架的结构。

（6）能够使各种材料更好地混合均匀，溶解各种添加材料。

（7）水有利于发酵正常进行。

在各种发酵过程中，发酵菌的生长均离不开水。因此，水是发酵菌正常生长繁殖的基本条件之一。此外，水还有杀菌防腐的作用，沸水可以杀灭大量的病原菌和腐败菌；而将原料浸泡在洁净的冷水中也可在短时间内抑制微生物的繁殖。

思考题

1. 什么是果品？西点中常用果品的种类有哪些？
2. 什么是香草？香草的分类有哪些？
3. 水在西点制作中有什么作用？

任务3 调味原料

一、调味原料的概念

调味原料又称调味品或调料。在制作西点过程中，能够突出菜点口味、改善菜点外观、增加菜点色泽的非主、辅料，统称为调味品。调味原料按味别的不同分为单一调味料和复合调味料。单一调味料又分为咸味调料、甜味调料、酸味调料、鲜味调料、辣味调料、香味调料、苦味调料等。复合调味料是指用两种及以上的单一调味料经加工再制成的调味料，如糖醋味、红油味、香糟味、芥末味等。由于使用的配料、比例及加工习惯的不同，复合调味料的种类很多。

在以上两大类调味料中，单一调味料是调味的基础。只有在了解其组成成分、风味特点、理化特性等知识的基础上，才能正确运用各类调味料，达到为菜点赋味、矫味和定味以及增进菜点色泽、改善质地、增进食欲等方面的目的。

二、常见调味品种类

（一）咸味类

咸味是一种能独立存在的味，是主味，被称为“百味之主”，是绝大多数复合味形成的基础味。它还能与其他的味相互作用，产生一定程度上的口味变化。若与酸味相结合，少量食盐可使酸味增强，微量食醋可使咸味增强；若与甜味结合，可使甜味突出，而适量的糖可降低咸味；与鲜味结合，则可使咸味柔和，鲜味突出。

食盐的化学名称叫氯化钠，在餐饮和烘焙制品中是不可缺少的调味品，一般应用在烘焙制品中有添加在面团中、作为馅料用盐和表面装饰等，也是人们日常生活中不可缺少的食品之一，每人每天需要5～6克，才能保持人体心脏的正常活动和维持正常的渗透压及体内酸碱的平衡，还能促进胃消化液的分泌，增进食欲。此外，食盐还是一种防腐剂，利用其很强的渗透力和杀菌作用保藏食物，如腌菜、腌肉、腌鱼、腌蛋等。食盐的分类如下。

食盐

1. 按食盐来源划分

（1）海盐　由海水晒取，是食盐的主要来源，占我国食盐总产量的84%以上。主要产区有辽宁、河北、山东、江苏等地。

（2）井盐　用地下咸水熬制成的。我国四川、云南均有井盐生产，而以四川自贡井盐的产量最多。井盐的产量占盐总产量8%左右。因形状的不同，又分花盐、巴盐、筒盐、砧盐四种。

海盐

（3）池盐　又称湖盐。我国的池盐是天然产品，资源十分丰富。从内陆的咸水湖中捞取不再加工即可食用。青海的茶卡、察尔汗和内蒙古的雅布赖都是著名的池盐产区。

（4）矿盐　又称岩盐。矿盐是蕴藏在地下的大块盐层，经开采后取得，产量较少，仅占总产量1%左右。无机盐含量很高，氯化钠含量达99%以上，接近加工的精制盐质量，但缺乏碘质。新疆、青海等地均有生产。

矿盐

2. 按食盐加工程度不同划分

按食盐加工程度不同又可分原盐（粗盐）、洗涤盐、再制盐（粗盐）等。原盐是从海水、盐井水直接制得的食盐晶体，含有较多的杂质，除含氯化钠外，还含有氯化钾、氯化镁、硫酸钙、碳酸钠和一定量的水分，所以有苦涩味。洗涤盐是以原盐（主要是海盐）用饱和盐水洗涤的产品。把原盐溶解，制成饱和溶液，以除杂处理后，再蒸发，这样制得的食盐即为再制盐。再制盐的杂质少，质量较高，晶粒呈粉状，色泽洁白，多作为食用。另外还有人工加碘的再制碘盐，为一些缺碘地方作饮食之用。近年来，还逐步推出一些新产品，如鲜味盐、花椒盐、多味盐等，以满足人们不同的口味需要，是良好的居家食用盐品种。

食盐在西点制作中的作用：

①盐具备天然的抑菌功能，所以能够控制酵母的发酵活力，也能影响其产品的发酵时间。

②影响颜色，面团中添加适量的盐能够改良发酵产品表皮颜色，降低面糊焦化作用。

③可改善面团的韧性和弹性。

④调节甜食的口感，盐能使甜味度降低，避免产品过甜而发腻。

⑤适量的盐能改善其原料特有的风味。

（二）甜味类

甜味调料在调味中的作用仅次于咸味调料。呈现甜味的物质主要是单糖和双糖，此外还有合成甜味剂糖精钠、非糖类物质甜叶菊苷、糖醇以及部分氨基酸、肽等。这些调料的甜味强度和感觉因品种不同而异。甜味最佳的是果糖。

甜味调料在西点中可以单独成味，同时也用于调制许多复合味型，还起到增强光泽的作用。常用甜味剂如下。

1. 食糖

食糖的呈甜物质为蔗糖，是西点中最常用的一种甜味调料。主要从甘蔗、甜菜两种植物中提取。

（1）糖的性能　糖类原料具有易溶性、渗透性和结晶性。

①易溶性：又称溶解性，是指糖类具有较强的吸水性，极易溶解在水中。糖类的溶解性一般以溶解度来表示，不同种类的糖其溶解度不同，果糖最高，其次是蔗糖、葡萄糖。糖的溶解度随温度的升高而增加。

②渗透性：渗透性是指糖分子很容易渗透到吸水后的蛋白质分子或其他物质中间，并把已吸

收的水排挤出去形成游离水的性能。糖的渗透性随着糖液浓度的增高而增加。

③结晶性：结晶性是指糖在浓度高的糖水溶液中，已经溶化的糖分子又会重新结晶的特性。蔗糖极易结晶，为防止糖类制品的结晶，可加入适量的酸性物质。因为在酸的作用下部分蔗糖可转化为单糖，单糖具有防止蔗糖结晶的作用。

（2）糖在西点中的作用如下。

①增加制品甜味，提高营养价值。

②改善点心的色泽，装饰美化点心的外观。

③调节面筋筋力，控制面团性质。

④调节面团发酵速度。

⑤防腐作用。

（3）西点中常用的糖类如下。

①红糖：又称土红糖，指带蜜的甘蔗成品糖，甘蔗经榨汁，浓缩形成的带蜜糖，具有颜色、浓郁的糖浆和蜂蜜的香味，在烘焙产品中多用在颜色较深或香味较浓的产品中。按外观不同可分为红糖粉、片糖、条糖、碗糖、糖砖等。成品的纯度较低，颜色从浅黄至棕红都有，结晶颗粒较小，易吸潮溶化，甜度高。

红糖

②白砂糖：简称砂糖，是西点使用最广泛的糖。白砂糖是从甘蔗或甜菜中提取糖汁，经过过滤、沉淀、蒸发、结晶、脱色、干燥等工艺而制成的。白砂糖为白色粒状晶体，纯度高，蔗糖含量在99%以上，为质量最佳的一种食糖。其晶体颗粒均匀，颜色洁白，甜味纯正，甜度稍小于红糖。常用于调味、糖色的炒制等。白砂糖按其晶粒大小又有粗砂、中砂、细砂之分。如果是制作海绵蛋糕或戚风蛋糕最好用白砂糖，以颗粒细密为佳，因为颗粒大的糖往往由于糖的使用量较高或搅拌时间短而不能溶解，如蛋糕成品内仍有白砂糖的颗粒存在，则会导致蛋糕的品质下降，在条件允许时，最好使用细砂糖。

白砂糖

粗砂糖是我们平常经常看到的白砂糖，粗砂糖颗粒大，主要用在面包以及饼干表面的装饰。

细砂糖在西点中运用的比较多，容易溶解，打发蛋白霜用细砂糖比较多。细砂糖是烘焙食品制作中常用的一种糖，除少数品种外，其他都适用，例如戚风蛋糕等。

③绵白糖：又称面糖，是由细粒的白砂糖加适量的转化糖浆加工制成的。绵白糖质地细软，色泽洁白，具有光泽，甜度较高，蔗糖含量在97%以上。

绵白糖

绵白糖成品晶体颗粒细小，为粉末状，甜度与白砂糖接近。按加工方法的不同，分为精制和土制两种。精制绵白糖色泽洁白，晶体较细，质量较好；土制绵白糖色泽微黄发暗，质量较差。绵白糖的溶解性高，适合味碟的调制、面团的赋甜等。

2. 糖浆

糖浆又称为化学糖稀，是以淀粉为原料，在酸或酶的作用下，经过不完全水解而制得的含有多种成分的甜味液体。其糖分组成为葡萄糖、麦芽糖、低聚糖、糊精等。常用的糖浆有饴糖浆、葡萄糖浆、蜂蜜、转化糖浆等。各种糖浆均具有良好的持水性（吸湿性）、上色性和不易结晶性。在糕点、面包、蜜饯等制作中使用糖浆，具有增色增甜、使制品不易变硬等作用，在酥点的制作中不宜使用糖浆，以免影响酥脆性。面团中加入糖浆，由于糖的吸湿性，它不仅吸收蛋白质胶粒之间的游离水，还会造成胶粒外部浓度增加，使胶粒内部的水产生反渗透作用。降低蛋白质胶粒的吸水性，面筋形成量降低，弹性减弱。

糖浆

果葡糖浆是新型的淀粉制品，主要组成成分为葡萄糖和果糖，其甜度相当于蔗糖。现在已广泛地应用于面包、糕点、饼干、饮料等食品的生产中。

麦芽糖浆是由淀粉经酶作用或酸解作用后的产品，为双糖。内含麦芽糖和少部分糊精及葡萄糖。

3. 蜂蜜

蜂蜜是由蜜蜂采集花蜜酿制而成的天然甜味食品，通常为透明或半透明状的黏性液体，带有独特的芳香气味。主要成分为葡萄糖、果糖等糖类，还含有一定量的含氮物质、矿物质以及有机酸、维生素和来自蜜蜂消化道中的多种酶类。营养丰富，具有益补润燥、调理脾胃等功效。

蜂蜜具有不同的香味，颜色色泽也好看，另外甜度也很高。蜂蜜主要用于蛋糕或小西饼中增加产品的风味和色泽。

蜂蜜

4. 饴糖

饴糖又称糖稀、麦芽糖。一般以谷物为原料，通常是利用淀粉酶或大麦芽酶的水解作用制成。饴糖主要含有麦芽糖和糊精。饴糖一般为浅棕色的半透明的黏稠液体，其甜度不如蔗糖，但能代替蔗糖使用，多用于派类等制品中，还可作为点心、面包的着色剂。饴糖的持水性强，具有保持点心、面包柔软性的特点。

饴糖

5. 糖粉

糖粉是蔗糖的再制品，为纯白色粉状物，味道与蔗糖相同，分为白砂糖粉和冰糖粉两种。糖粉在西点中可代替白砂糖和绵白糖使用，一般用于糖霜或奶油霜饰和产品含水较少的品种中使用，在重油蛋糕或蛋糕装饰时常用，也可用于点心的装饰及制作大型点心的模型等。

糖粉

6. 木糖醇

木糖醇不是糖，属于糖醇类，是从白桦树、橡树、玉米芯、甘蔗渣等植物原料中提取出来的一种天然甜味剂。甜度与蔗糖相当，溶于水时可吸收大量热量，是所有糖醇甜味剂中吸热值最大的一种，故以固体形式食用时，会在口中产生愉快的清凉感。依据我国食品安全国家标准，木糖醇可作为甜味剂按生产需要用于各类食品中。木糖醇为白色粉末，甜度与蔗糖相近，而且，木糖醇在体内的代谢与胰岛素无关，不会增加血糖含量，特别适合糖尿病人食品的赋甜。许多国家已将其用于面包、点心、果酱等。

木糖醇

7. 风登糖

风登糖又称翻砂糖、封糖、方旦糖、部分转化糖。它是以砂糖为主要原料，用适量的水、葡萄糖或醋精、柠檬酸熬制，经反复搓叠而成。风登糖呈膏状，柔软滑润，洁白细腻，可用于蛋糕包面、面包、糕点和蛋糕的表面装饰等。通过对糖的深度加工，使糖具有了更好的可塑性和极佳的延展性，并且可以塑造出各式各样的造型，并将精细特色完美地展现出来，充分体现了个性与艺术的完美结合。

8. 白帽糖

白帽糖又称粉糖膏、粉糖蛋清膏、皇家糖霜，使用糖粉和蛋清或明胶等混合而成具有可塑性的糖膏。白帽糖糖膏的可塑性强，可拉制成精细花纹，裱制立体花，制作饰板等。一般用于蛋糕表面装饰和大型装饰蛋糕、橱窗样品。

9. 杏仁膏

杏仁膏又被称为马司板、杏仁面、杏仁面团，是由杏仁和砂糖经加工制作而成的膏状原料。它细腻、柔软、可塑性好，是制作高级西点的原料。

在西点制作中，杏仁膏可制作杏仁饼干、杏仁蛋糕等，也可制作馅料。或做水果、蔬菜等造型，可滚压成薄片，装饰在糖霜蛋糕上，如生日蛋糕、结婚蛋糕和圣诞蛋糕等，是糕点装饰的好材料。在甜品中，杏仁膏普遍用于填充巧克力。

（三）酸味类

酸味是无机酸、有机酸及酸性盐等解离出氢离子的化合物特有的一种味。酸味类的调味品主要为食醋，它能去腥解腻，增加鲜味和香味，能在食物加热过程中保护维生素C不受破坏，还可使原料中的钙质溶解而利于人体吸收，对细菌也有一定的杀灭和消毒作用。

1. 食醋

食醋又称醋，是以粮食、果实、酒类等含有淀粉、糖类、酒精的原料，经微生物发酵酿造成的一种酸性液体调味料，其主要成分是醋酸，还含不挥发酸、氨基酸、糖等。

食醋因原料和制作方法的不同，可分为酿造醋和人工合成醋两大类；从色泽分有白醋和红醋两种。

2. 番茄酱

番茄酱是指将新鲜成熟的番茄洗净、去皮、去籽、磨细，经加工制成的一种酱状调味品原料。番茄酱以其色泽红艳、滋润、味酸鲜香、质地细腻、无杂质者为佳品。

番茄酱主要是利用其鲜艳红润的颜色，在西点中起到调味和点缀的作用。

3. 柠檬汁

柠檬汁是从鲜柠檬中榨取的汁液，现也有人工合成的柠檬汁是用柠檬酸加水稀释而成的，其口味不如前者。

柠檬汁在西点中使用较多，但近几年在中点中也有应用，主要用于点心上的浇汁使用。

食醋

番茄酱

柠檬汁

（四）鲜味类

鲜味是食品的一种复杂的美味感。鲜味呈味物含有核苷酸、氨基酸、酰胺、肽、有机酸等类物质。鲜味不是独立存在，需要在咸味的基础上发挥作用。

味精是西点中常用的鲜味调味品，它的化学名称叫谷氨酸钠（即谷氨酸一钠），从大豆或小麦面筋及其他含蛋白质较多的物质中提炼制成，现多用淀粉经发酵制成。味精有的呈结晶状，有的呈粉末状，除含有谷氨酸外，还含有少量的食盐，

味精

我国规定按谷氨酸钠量的多少分为五种规格（即含量分别为99%、95%、90%、80%、60%）。全国各地均有生产。

味精的性质微有吸湿性，易溶于水，味道极鲜美，用水稀释3000倍仍能感觉到鲜味。味精含鲜味与溶解度有很大的关系，在弱酸和中性溶液中，溶解度最大，具有强烈的肉鲜味；在碱性溶液中不但没有鲜味，反而有不良气味，因为谷氨酸一钠在碱性溶液中能变成没有鲜味的谷氨酸二钠。味精在70～90℃时溶解度最好，而在高温下则能使谷氨酸一钠变成焦谷氨酸钠而失去鲜味，甚至产生毒性。味精在强酸性溶液中，溶解度极小，所以鲜味也很小。由此，在使用味精时不宜在高温下加入，而在凉菜中，因温度低，不易溶解，鲜味发挥不出来，应适当用温开水溶后浇入凉菜。还应尽量地避免在碱性和酸性条件下使用味精，避免产生不良的变化。使用味精还要适量，用量多，会产生一种似咸非咸、似涩非涩的怪味。

味精不仅是很好的鲜味调味品，也是一种营养品。因为味精的成分是由蛋白质分解出来的氨基酸成分，能为人体直接吸收，对改变细胞的营养状况，防止儿童发育不良，治疗神经衰弱等都有一定的作用。

味精在西点中的应用主要用于调制馅心。

（五）辣味类

辣味也称辛味，是通过对人体的味觉器官强烈的刺激所感受到的独特的辛辣和芳香，其辛辣味主要由辣椒碱、椒脂碱、姜酮、姜辛素等产生的。辣味在食品中也不能独立运用，需与其他诸味配合才能发挥作用，是形成各种辣味型复合味的重要味别。用辣味调味品制作的食品别具风味，我国的川菜、湘菜使用广泛，并以此而闻名，为人们所喜爱。

1. 辣椒制品

辣椒果实经干制后可加工成各种制品，如辣椒酱、辣椒粉、辣椒油等。辣椒粉末与酿造酱可加工成辣椒酱，新鲜的红辣椒经碾磨熬制成糊状物也叫辣椒酱。辣椒晒干后经碾磨成粉末即可制成辣椒粉。辣椒成熟后变红的干辣椒与油熬制可制成辣椒油。因为辣椒含有烈性的辣椒素成分，其各种制品辣味均很强烈，加工后的制品也因辣椒含有红色素多呈黄棕色或棕红色。

辣椒粉

在西点中主要应用于制作辣味馅心，也可用于蘸食。

2. 胡椒粉

胡椒粉是由胡椒果实碾压而成，有黑胡椒粉和白胡椒粉两种。胡椒果实成熟后，摘取晒干碾磨成粉末称为黑胡椒粉，呈灰棕色。成熟的果实用盐水或石灰水浸渍后，在阳光下晒干，用去皮机除去果皮再碾磨成粉末即为白胡椒粉。白胡椒粉的烈味及芳香均较黑胡椒粉为弱，因气味较佳，故市场供应较多。

胡椒粉

胡椒粉含有胡椒碱和挥发油等成分，味苦辣而芳香，是良好的辣味调味品。在西点中主要应用于制作馅心，也有用于面皮的制作。

3. 咖喱粉

咖喱粉是由20多种香辛调料调制而成的一种味辛辣微甜、呈黄色或黄褐色的粉状调味料。咖喱源于印度，现各地均有加工制作。

咖喱粉的主要配料有胡椒、辣椒、生姜、肉桂、肉豆蔻、茴香、芫荽子、甘草、橘皮、姜黄等。将各种香辛料干燥粉碎后混合，或粉碎焙炒，然后贮放待其成熟。咖喱粉的质量以色泽深黄、粉质细腻、松散无块、无杂质、无异味者为佳。

咖喱粉

在西点中咖喱粉主要用于制作点心的馅心。

（六）香料

香料是能够用于调配食品香味，并使食品增香的物质。它不但能够增进食欲，有利消化吸收，而且对增加食品的花色品种和提高食品质量具有很重要的作用。食品香料按其来源和制造方法等的不同，通常分为天然香料、天然等同香料和人工合成香料三类。

天然香料：是用纯粹物理方法从天然芳香植物或动物原料中分离得到的物质。通常认为它们安全性高，包括精油、酊剂、浸膏、净油和辛香料油树脂等。

天然等同香料：是用合成方法得到或由天然芳香原料经化学过程分离得到的物质。这些物质与供人类消费的天然产品（不管是否加工过）中存在的物质，在化学组成上是相同的。这类香料品种很多，占食品香料的大多数，对调配食品香精十分重要。

人工合成香料：是在供人类消费的天然产品（不管是否加工过）中尚未发现的香味物质。此类香料品种较少，它们是用化学合成方法制成，且其化学结构迄今在自然界中尚未发现存在。基于此，这类香料的安全性引起人们极大关注。在我国，凡列入GB/T 14156—2009《食品用香料分类和编码》中的香料，均经过一定的毒理学评价，并被认为对人体无害（在一定的剂量条件下）。其中除经过充分毒理学评价的个别品种外，目前均列为暂时许可使用。但是，值得注意的是，随着科学技术和人们认识的不断深入发展，有些原属人造香料的品种，在天然食品中发现有所存在，因而可以列为天然等同香料。例如我国许可使用的人造香料乙酸烯丙酯，国际上现已将其改列为天然等同香料。

食品香料是一类特殊的食品添加剂，其品种多、用量小，大多存在于天然食品中。由于其本身强烈的香和味，在食品中的用量常受自我限制。目前世界上所使用的食品香料品种近2000种。我国已经批准使用的品种也在1000种左右。

1. 香叶

香叶又称月桂叶，为樟科月桂树属常绿小乔木月桂的树叶，原产于地中海地区沿岸和南欧一带。

香叶的叶片革质，长椭圆形，具有丰富的油腺，揉碎后，散发出清香的香气。月桂的树皮也是甘甜、温和、芳香的调味香料，剥下晒干后成为细长且两边卷起的形态。叶及树皮所含精油的主要成分为桉叶素及芳樟醇、丁香酚和柠檬醛等，具有去腥、除异、增香的作用。

香叶

2. 荜茇

荜茇又称为毕勃、荜拨等，为胡椒科多年生藤本植物荜拨的果实，原产于印度尼西亚、越南、菲律宾，我国产于云南、贵州、广西等地。

荜茇的果为小浆果，聚生于穗状花序上，干燥后为细长的果穗。具有类似于胡椒的特殊香气，并有一定的辛辣味。荜茇含胡椒碱、棕榈酸、四氢胡椒酸、芝麻素等呈香成分，有矫味、增香、除异的作用。

荜茇

3. 姜黄

姜黄为姜科多年生草本植物姜黄的根状茎。原产亚洲南部，我国东南部至西南部均有分布。

姜黄的根状茎由于含姜黄色素，而呈黄色；并因主要成分为姜黄酮、姜黄醇和姜黄烯醇的挥发油而具有香气。可作为芳香调味料使用，也是制作咖喱粉的基本原料。同属的郁金、阿马达姜黄和青灰姜黄等有相同的用处。

4. 紫苏

紫苏又称为白苏，为伞形科一年生草本植物紫苏的茎叶体。原产于中国、日本、印度等国家。

紫苏鲜叶片及嫩茎中含有特殊的芳香挥发油，主要成分为紫苏醛、紫苏酮、柠檬烯等。

5. 莳萝籽

莳萝籽是一年或二年生草本植物的种子。茎直立，平滑。叶互生，具长柄，二或三回羽状全裂，未回裂片线形。复伞形花序，花冠黄色。双悬果椭圆形，外面棕黄色，两侧肋线呈翅状，肋

姜黄

紫苏

莳萝籽

线间具油管。种子椭圆形。花期夏季。原产欧洲南部，现今世界各地广泛栽培。我国除栽培外，也有野生。嫩茎和叶可即时采作鲜用。采集种子者则于果实成熟后收取果枝，晒干，打下果实，去净杂质，再晒至干透为度，种子可整粒或研碎备用。使用部分为伞形科植物莳萝的嫩茎叶及种子。

莳萝籽干燥磨粉后用作香辛料，可添加在调味汁、面包、咖喱粉中。

6. 甘草

甘草为多年生草本植物，是豆科植物甘草、光果甘草或胀果甘草的根及根茎。在亚洲、欧洲、澳洲、美洲等地都有分布（并大都有传统的药用和其他用途）。在我国主要分布于新疆、内蒙古、宁夏、甘肃、山西等地，以野生为主。人工种植甘草主产于新疆、内蒙古、甘肃的河西走廊、陇西的周边、宁夏部分地区。光果甘草生于荒漠或带盐碱草原、撂荒地，分布于新疆、青海、甘肃；胀果甘草生于盐渍化土壤处，分布于新疆、甘肃等地。秋季采挖，除去头、茎基、枝杈、须根，截成适当长短的段，晒至半干或全干。

甘草

7. 黑种草

黑种草，一年生植物，原产于地中海地区。黑种草的果实是球状的蒴果。有坚果、胡椒的辛辣味道，常用于面包等，如印度烤饼等。

8. 蜜玫瑰

蜜玫瑰是将蔷薇科植物玫瑰的花朵用糖渍制而成的花香调味品，含有玫瑰油、丁香油酚、香茅醇等成分，有浓郁的芳香味。在西点中一般用作点心的馅料或增香料。

9. 抹茶粉

抹茶粉是抹茶的通俗形象叫法，是采用天然石磨碾磨成微粉状的蒸青绿茶。抹茶自带天然鲜绿色泽，香味纯正清雅，含有丰富的人体所必需的营养成分和微量元素，无添加剂、无防腐剂、无人工色素，可以增香增色增味，广泛应用于各类西点，比如抹茶巧克力、抹茶冰激凌、抹茶蛋糕、抹茶面包、抹茶果冻、抹茶糖果等。

黑种草

蜜玫瑰

抹茶粉

但要注意，抹茶不同于一般的绿茶粉，更不是一般意义上的茶叶粉碎物。抹茶的制作对茶叶品种、种植方法、种植区域、加工工艺、加工设备都有非常严格的要求。

思考题

1. 什么是调味原料？每种味型常用的调味原料有哪些？
2. 糖在西点制作中有什么作用？西点中常用的甜味品有哪些？
3. 食盐有哪些种类？在西点制作中有什么作用？

任务4 食品添加剂

一、食品添加剂的概念

食品添加剂是指在不影响食品营养价值的基础上，为了防止食品的腐烂变质，增强食品的感官性状，提高食品的质量，在食品生产、加工、保藏中加入的适量化学合成或天然的物质。目前我国食品添加剂有23个类别，2000多个品种，包括酸度调节剂、抗结剂、消泡剂、抗氧化剂、漂白剂、膨松剂、着色剂、护色剂、酶制剂、增味剂、营养强化剂、防腐剂、甜味剂、增稠剂等。

二、食品添加剂的作用

1. 利于食品保存，防止变质

使用防腐剂和抗氧化剂，可以防止由微生物引起的食品腐败变质，延长食品的保存期，还能够防止由微生物污染引起的食物中毒，阻止或推迟食品的氧化变质，同时也可防止可能有害的油脂自动氧化物质的形成。此外，还可用来防止食品特别是水果、蔬菜的酶促褐变与非酶褐变。

2. 改善食品的感官性状

适当使用一些食品添加剂，可以明显提高食品的感官质量，包括食品的色、香、味、形态和质地等衡量食品质量的指标，满足人们的不同需要。

3. 保持或提高食品的营养价值

在食品加工时适当地添加某些属于天然营养范围的食品营养强化剂，可以大大提高食品的营养价值，这对防止营养不良和营养缺乏、促进营养平衡、提高人们健康水平具有重要意义。

4. 有利于食品加工，适应生产机械化和自动化

在食品加工中使用消泡剂、助滤剂、稳定剂和凝固剂等，可有利于食品的加工操作，以适应生产的机械化和自动化。

5. 满足其他特殊需要

食品应尽可能满足人们的不同需求。例如，糖尿病人不能吃糖，则可用无营养甜味剂或低热能甜味剂，如三氯蔗糖或天门冬酰苯丙氨酸甲酯制成无糖食品供应。

三、西点中常用的食品添加剂

（一）增味剂

1. 酸味剂

以赋予食品酸味为主要目的的食品添加剂称为酸味剂。主要有有机酸类：柠檬酸、乳酸、酒石酸、苹果酸、富马酸和己二酸；无机酸类：食用磷酸、碳酸等。

柠檬酸

（1）柠檬酸　又称枸橼酸，化学名称3-羟基-3-羧基-1,5-戊二酸。工业上以淀粉或糖蜜为原料，经黑曲霉发酵而成。为无色透明或白色粉末，其酸味柔和，除用作酸味剂外，还用作防腐剂、抗氧化增效剂、酸化剂、增香剂和香料，用途广泛。柠檬酸被公认为许多食品酸的标准，应用历史长，在酸味剂中占有重要地位。

乳酸

（2）乳酸　这是无色透明或浅黄色糖浆状液体。工业上制备乳酸是用淀粉、葡萄糖或牛乳为原料，接种乳酸杆菌经发酵生成乳酸。乳酸可用作食品酸味剂、防腐剂、风味增强剂和pH调节剂使用，用于饮料中还可有效防止浑浊和沉淀。

2. 甜味剂

甜味剂是指能赋予软饮料甜味的食品添加剂。甜味剂按营养价值可分为营养性甜味剂和非营养性甜味剂两类；按其甜度可分为低甜度甜味剂和高甜度甜味剂；按其来源可分为天然甜味剂和合成甜味剂。常用的人工合成甜味剂有糖精钠、甜蜜素等，目的是增加甜味感。

（1）糖精钠　又称可溶性糖精，是糖精的钠盐，带有两个糖精钠结晶水，无色结晶或稍带白色的结晶性粉末，一般含有两个结晶水，易失去结晶水而成无水糖精，性状无色至白色结晶或晶体粉末，无臭或微有芳香气味，味极甜并微带苦，甜度为蔗糖的200～700倍。稀释1000倍的水溶液仍有甜味，阈值约为0.00048%。易溶于水，溶解度随温度升高迅速增大，10%的水溶液呈中性，微溶于乙醇。耐热及耐碱性弱，酸性条件下加热甜味渐渐消失，溶液大于0.026%则味苦。用于一般冷饮、饮料、果冻、冰棍、酱菜类、蜜饯、糕点、凉果、蛋白糖等。应用于食品工业及糖尿病患者作甜化饮食，是普遍使用的人工合成甜味剂。

糖精钠

（2）甜蜜素　白色针状、片状结晶或结晶状粉末，无臭，味甜，其稀溶液的甜度为蔗糖的40～50倍，为无营养甜味剂。对热、光、空气稳定，加热后略有苦味，是食品生产中常用的添加剂。

甜蜜素

根据我国《食品安全国家标准　食品添加剂使用标准》（GB 2760—2014）的规定，甜蜜素作为甜味剂，其使用范围为：酱菜、调味酱汁、配制酒、糕点、饼干、面包、雪糕、冰激凌、冰棍、饮料等，其最大使用量为0.65克/千克；蜜饯最大使用量为1.0克/千克；陈皮、话梅、话李、杨梅干等，最大使用量为8.0克/千克。

《食品安全国家标准　食品添加剂使用标准》中规定，膨化食品、小油炸食品在生产中不得使用甜蜜素和糖精钠、苯甲酸和山梨酸。

（二）膨松剂

膨松剂又称疏松剂、膨胀剂、膨大剂，是西点中重要的添加剂，使制品在烘焙、蒸煮、油炸时增大体积，改善组织，使之更适合于食用消化及形态变化，满足人们的消费需要。主要有化学膨松剂和生物膨松剂两大类，主要作用是使成品体积增大，口感疏松柔软，增加制品美味感，有利于消化。

1. 泡打粉

泡打粉又称“速发粉”或“泡大粉”，简称B.P，是一种化学膨松剂，是西点膨松剂的一种，经常用于蛋糕及西饼的制作。它是由苏打粉、酸性物质，并以玉米粉为填充剂，按一定比例混合而成的复合膨松剂，呈白色粉末状。泡打粉主要用于面制食品（如蛋糕、面包、饼干、包子、馒头等）的快速发酵膨松。

泡打粉

配方中不要加入过量的泡打粉，因为这样一方面会产生怪味，另一方面会由于膨胀过度使得产品松散易碎，而且，如果是烘烤蛋糕，蛋糕可能在成形之前就会因膨胀过大而塌陷。

2. 苏打粉

苏打粉学名“碳酸氢钠”，又称“小苏打”“梳打粉”或“重曹”，简称B.S，是西点膨松剂的一种。它是一种易溶于水的白色碱性粉末，无色、无臭、味咸，属于化学膨松剂。苏打粉呈碱性，遇水和酸会释放出二氧化碳，使产品膨胀。此反应不需要加热（虽然提高温度可加快反应速度），因此，含有苏打粉的面粉或面糊，调制后必须马上烘焙，否则气体就会很快释放，膨胀效果就会随之消失。

苏打粉

苏打粉也经常被用来作为中和剂，一般作为饼干和甜酥饼的膨松剂，用量为0.3%～1.0%；碳酸氢钠分解后残留碳酸钠，使成品呈碱性，影响口味，使用不当时还会使成品表面呈黄色斑点。常用于酸性较重蛋糕配方中和西饼配方内，例如巧克力蛋糕。巧克力为酸性，大量使用时会使西点带有酸味，因此可使用少量的苏打粉作为膨松剂并且也中和其酸性，同时，苏打粉也有使巧克力颜色加深的效果，使它看起来更黑亮。

西点中加入过量的苏打粉，反而会使成品组织粗糙，影响风味甚至外观，因此使用上要注意分量。除了使西点有上述破坏风味或导致碱味太重的结果，食用后还会使人有心悸、嘴唇发麻、短暂失去味觉等症状。

3. 酵母

酵母是一种肉眼看不见的单细胞微生物，在营养和环境适宜的情况下，酵母可以大量增殖，最适应温度为27～28℃，最适宜pH为5～5.8，若低于2或高于8，活力受到严重影响。在增殖的同时，酵母因为生长繁殖而产生大量的二氧化碳气体，这样可以使面包发起，面包的体积增大。

干酵母

鲜酵母

（三）增稠剂

增稠剂是一种能改善食品的物理性质，增加食品的物理性质，增加食品的黏稠性，赋予食品以柔滑适口性，且具有稳定乳化状态和悬浊状态作用的物质。

增稠剂为亲水性高分子胶体化合物，可水化而成高黏度的均相液，故常作为水溶胶、亲水胶或食用胶。在一定条件下，它可以起到增稠、稳定、悬浮、胶凝、成膜、充气、乳化、润滑等作用。在西点中常用于某些馅料、装饰物的制作，起增稠、胶凝、稳定和装饰作用。主要品种有动物增稠剂，如明胶、酶蛋白酸钠等。微生物来源增稠剂，如黄原胶、环糊精等。常用的植物及海藻来源的增稠剂主要有：阿拉伯胶、罗望子多糖胶、田菁胶、琼脂、海藻酸钠、海藻酸丙二醇酯、卡拉胶（鹿角藻胶、角叉胶）、果胶、麦芽糊精、羧甲基纤维素钠、羧甲基淀粉钠、淀粉磷酸酯钠、羟丙基淀粉等。增稠剂是一类能提高食品黏度并能改变性能的食品添加剂。

1. 增稠剂的作用

（1）起泡作用和稳定泡沫作用　增稠剂可以发泡，形成网络结构，它的溶液在搅拌时形成小泡沫，可包含大量气体，并因液泡表面黏性增加使其稳定。如蛋糕、面包等食品中使用增稠剂CMC（羧甲基纤维素钠）等作发泡剂。

（2）黏合作用　香肠中使用槐豆胶、鹿角藻胶的目的是使产品成为一个集聚体，均质后组织结构稳定。有润滑效果，并利用胶的强力保水性防止香肠在贮藏中失重。

（3）成膜作用　增稠剂能在食品表面形成非常光润的薄膜，可防止冰冻食品、固体粉末食品表面吸湿导致质量下降。

（4）保水作用　在面制品中增稠剂可以改善面团的吸水性，调制面团时，增稠剂可以加速水分向蛋白质分子和淀粉颗粒渗透的速度，有利于调粉过程。

（5）掩蔽作用　增稠剂对一些不良的气味有掩蔽作用，其中环糊精效果较好。但绝不能将增稠剂用于腐败变质的食品。

2. 常用的增稠剂

（1）琼脂　又称洋菜、琼胶、冻粉，是由红藻类的石花菜、江蓠、麒麟菜及同属其他藻类提取的一种以半乳糖为主要成分的高分子多糖，主要成分为琼脂糖和琼脂胶。琼脂为无色透明或类白色至淡黄色半透明细长薄片或鳞状碎片、无色或淡黄色粉末，无臭，味淡，口感黏滑，吸水性和持水性高，冷水中不溶解，但能吸水膨胀为凝胶块，熔点为80～100℃，1%琼脂溶液在35～50℃时可形成坚实的凝胶。含水时柔软而带韧性，不易折断；干燥后发脆而易碎。

琼脂

琼脂可用作增稠剂、乳化剂、凝胶剂和稳定剂。琼脂在糕点中常用作表面胶凝剂，或制成琼脂蛋白膏等装饰蛋糕及糕点表面，也可加入糕点馅中，以增加稠度。

在糕点生产中可与蛋白、糖等配合制成琼脂蛋白膏，用于各种裱花点心和蛋糕。

琼脂调味必须在琼脂加热时进行，边调味边搅拌，趁热浇于装有原料的模具中，冷却后即可食用。避免熬制时间过长，避免与酸、盐长时间共热，以免影响凝胶效果。

（2）啫喱粉　啫喱粉由天然海藻提制而成，是制作各式果冻、啫喱、布丁和慕斯等冷冻产品的主要原料之一。啫喱粉的啫喱是英文jelly的译音，是制作果冻的一种粉状原料，又称果冻粉。啫喱粉不仅是制作果冻的主料，利用它良好的稳定性能，煮成啫喱水，加入果占内还可以作为生日蛋糕的装饰，抹在弧形的蛋糕上面非常美观。

（3）果胶　果胶是从植物果实中提取的由半乳糖醛酸缩合而成的一种酸性多糖类物质，与糖、酸、钙作用可形成凝胶，为常用增稠剂之一。

啫喱粉

果胶的主要成分是多缩半乳糖醛酸甲酯，存在于水果、蔬菜及其他植物细胞膜中，是天然高分子化合物，成品为白色至淡黄色无定形物，稍有特殊气味，易溶于水，对酸性溶液稳定，稍带酸味，口感黏滑，具有水溶性和良好的胶宁化和乳化稳定作用。

果胶可用作增稠剂、胶凝剂、稳定剂和乳化剂。用于果酱、果冻中作增稠剂和胶凝剂；作为蛋黄酱的稳定剂；在糕点中起防硬化的作用。

果胶

（4）卡拉胶　又称为麒麟菜胶、石花菜胶、鹿角菜胶、角叉菜胶，因为卡拉胶是从麒麟菜、石花菜、鹿角菜等红藻类海草中提炼出来的天然胶体，它的化学结构是由半乳糖及去水卫矛醇所组成的多糖类硫酸酯的钙、钾、钠、铵盐。广泛用于制造果冻、冰激凌、糕点、软糖、罐头等。

卡拉胶为白色或浅褐色颗粒或粉末，无臭或微臭，口感黏滑。溶于约80℃水，形成黏性、透明或轻微乳白色的易流动溶液。

卡拉胶稳定性强，干粉长期放置不易降解。卡拉胶作为一种很好的凝固剂，可取代通常的琼脂、明胶及果胶等。用琼脂做成的果冻弹性不足，价格较高；用明胶做成的果冻的缺点是凝固和融化点低，制备和储存都需要低温冷藏；用果胶做成果冻的缺点是需要加入高溶度的糖和调节适当的pH才能凝固。用卡拉胶制成的果冻富有弹性且没有离水性，因此，卡拉胶成为果冻常用的凝胶剂。

（5）黄原胶　俗称玉米糖胶、汉生胶。白色或浅黄色的粉末，通常是经由玉米淀粉所制造，具有优良的增稠性、悬浮性、乳化性和水溶性，并具有良好的热、酸碱稳定性，所以被广泛应用于各种食品中。

黄原胶是国际上集增稠、悬浮、乳化、稳定于一体，性能最优越的生物胶。

自1996年允许作为食品添加剂使用以来，黄原胶已被食品工业广泛接受，因为在低浓度下就能提供优良的加工和储藏稳定性。按照中国《食品安全国家标准　食品添加剂使用标准》，黄原胶可以用于面包、冰激凌、乳制品、肉制品、果酱、果冻、饮料中。

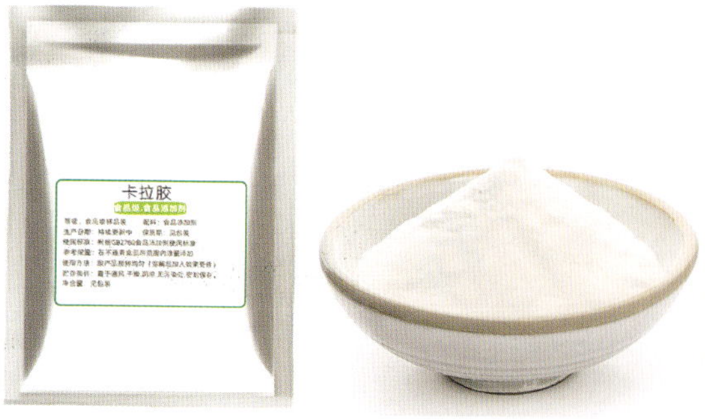

卡拉胶

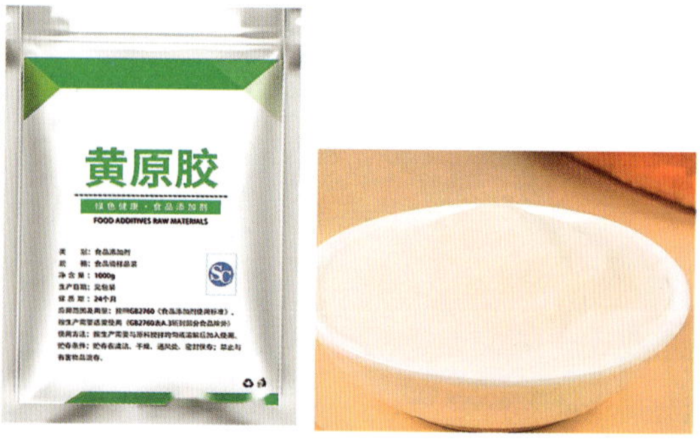

黄原胶

（6）动物性凝胶剂　可分为以下两类。

①明胶：明胶又称食用明胶、鱼胶、吉利丁，是从动物的皮、骨、韧带、肌腱中提取的高分子肽，是一种无脂肪的高蛋白，且不含胆固醇，是一种天然营养型的食品增稠剂，有利于食物消化，广泛应用于果冻、乳冻、慕斯等西点制作中。因此明胶又称“动物胶”，明胶可用作增稠剂、稳定剂、澄清剂和发泡剂。明胶是制作大型糖粉西点所不可缺少的，也是制作冷冻点心的一种主要原料。

明胶片

皮冻

②皮冻：皮冻又称皮质或皮汤，是以新鲜的猪皮为原料，去净杂毛和脂肪后，加入水或鲜汤煮制、凝结而成的胶冻。主要成分为胶原蛋白，与酸、碱共热后会丧失凝胶性。

（四）面团改良剂

面团改良剂是指那些能调节或改变面团的特性、使面团符合工艺要求、提高产品质量的添加剂。改善面团的流变特性，提高面团的操作性能和机械加工性能，显著增大成品面积10%～30%。使成品表面光滑、洁白、细腻、亮泽，成品内部组织结构均匀、细密，成品柔软、弹性好，口感绵软筋道。

市售的面团改良剂有两种，粉状和膏状。粉状改良剂的成分为：面粉、黄豆粉、乳化剂、糖及一些维生素C；膏状改良剂的成分为：盐类矿物质、维生素C或蛋白质酵素、乳化剂。

面包改良剂

1. 面包改良剂

面包改良剂用在面包配方内可促进面包柔软和增加面包烘烤弹性。

面包改良剂一般是由乳化剂、氧化剂、酶制剂、无机盐和填充剂等组成的复配型食品添加剂，主要用于面包制作，能够增强面筋，提高加工性能，加快面团成熟，使面包易于整形，改善面包组织结构，保持面包长时间的柔软性能，有效延缓面包老化。在使用面包改良剂过程中要注意使用成分和量的掌握，因为有的成分属于健康违禁用品，而过量使用会产生副作用。用量少，能促进面筋的扩展，增大面包体积，改善面包组织，提高面团发酵的稳定性。面包改良剂适用于酵母发酵的各类面团，尤其是筋力不足面粉，能有效地扩展面筋。

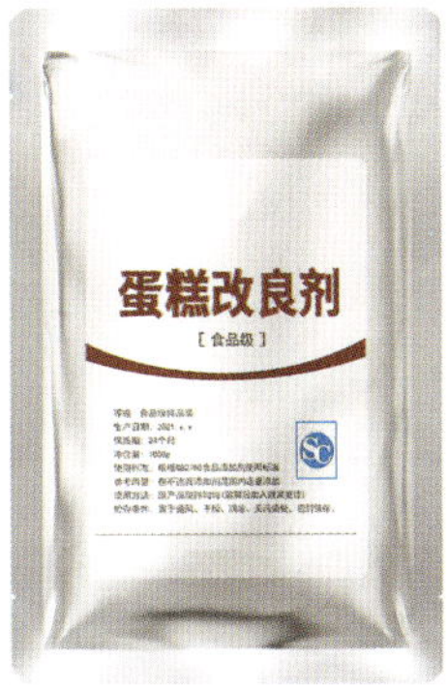

蛋糕改良剂

2. 蛋糕改良剂

在制作蛋糕时使用蛋糕改良剂，能降低面糊的表面张力，可以使面糊能够强烈且快速地起泡，即使加了面粉之后，也能负担起面粉的重量而使面糊起泡，使蛋糕成品有更膨松的组织。缩短面糊的打发时间，增加蛋糕质地柔软性，延缓蛋糕的老化。

（五）增香剂

增香剂是以改善、增加食品香气为主要目的的食品添加剂，包括香料和香精两大类。香料按不同来源可分为天然香料和合成原料。香精是由数种或数十种香料调和而成的复合香料。

增香剂的选择要考虑到产品本身的风味和消费者的习惯。一般应选用与制品本身香味协调的香型，而且加入量不宜过多，不能掩盖或损害原有的天然风味。

增香剂是指能显著增加食品、饮料和酒类等的原有风味，尤其是能增加香味和甜味的食品添加剂，也叫香味增效剂或香味改良剂。有些增香剂本身也是一种香料，它具有用量极少而增香效果显著，并可直接加入食品中的特点。特别是在人工还不能完全模拟自然风味时，将增香剂加入食品中，增强食品原有风味和改良合成香精、香料的风味，对提高产品质量、满足人民生活需要，是行之有效的方法。

在西点制作中除使用奶油、巧克力、乳品、蛋品、果酒等自然风味的原料外，还往往使用香精、香料，以增强或调节点心原有的风味。

1. 卡仕达粉

卡仕达粉又称吉士粉，是一种香料粉，呈粉末状，浅黄色或浅橙黄色，具有浓郁的奶香味和果香味，是由疏松剂、稳定剂、食用香精、食用色素、奶粉、淀粉和填充剂组合而成。卡仕达粉原在西餐中主要用于制作糕点和布丁。卡仕达粉易溶化，适用于软、香、滑的冷热甜点之中（如蛋糕、蛋卷、包馅、面包、蛋挞等糕点中），主要取其特殊的香气和味道，是一种较理想的食品香料粉。

卡仕达粉

常见的卡仕达粉有奶味卡仕达粉、普通卡仕达粉、即溶卡仕达粉等。其中即溶卡仕达粉是一种常用香料粉，通常用于面包、西点表面装饰或内部配馅和夹心，可在冷水中直接溶解使用，是一种即用即食型的馅料配料。传统的卡仕达粉需要加水后加热到淀粉的糊化温度（60～70℃），然后冷却方可使用，过程较烦琐。

卡仕达粉具有四大优点：一是增香，能使制品产生浓郁的奶香味和果香味；二是增色，在糊浆中加入卡仕达粉能产生鲜黄色；三是增松脆并能使制品定型，在膨松类的糊浆中加入卡仕达粉，经炸制后制品松脆而不软瘪，形态美观；四是增强黏滑性，在一些菜肴勾芡时加入卡仕达粉，能产生黏滑性，具有良好的勾芡效果且芡汁透明度好。

2. 塔塔粉

塔塔粉学名叫酒石酸氢钾，它是制作戚风蛋糕必不可少的原材料之一，是一种酸性的白色粉末，属于食品添加剂，蛋糕房在蛋糕制作时的主要用途是帮助蛋清打发以及中和蛋清的碱性，因为蛋清的碱性很强。而且蛋储存得越久，蛋清的碱性就越强，而用大量蛋清制作的食物都有碱味且色带黄，加了塔塔粉不但可中和碱味，颜色也会较雪白。

塔塔粉

戚风蛋糕是利用蛋清来起发的，蛋清是偏碱性，pH达到7.6，而蛋清在偏酸的环境下也就是pH在4.6～4.8时才能形成膨松安定的泡沫，起发后才能添加大量的其他配料下去。戚风蛋糕正是将蛋清和蛋黄分开搅拌，蛋清搅拌起发后需要拌入蛋黄部分的面糊下去，没有添加塔塔粉的蛋清虽然能打发，但是加入蛋黄面糊则会下陷，不能成形。所以可以利用塔塔粉的这一特性来达到最佳效果。它的添加量是全蛋的0.6%～1.5%，与蛋清部分的砂糖一起拌匀加入。

3. 香草粉

香草粉

香草粉除香气很丰富外，也能增加食品的口感及食品本身的独特香气。表面性状为白色细粒结晶的粉末，是食品工业生产中常用的香料。香草粉应用于饮料及烘焙食品，应实际需要使用。建议使用量为0.1%～0.2%，过度使用对人体有害。

天然香草粉是用香草豆（香荚兰豆）为原料磨成的粉末。它和市面上用人工合成香兰素调配出来的所谓“香草粉”完全不同。两者可以通过产品成分标签内容看出区别。天然香草粉具有自然浓郁的香草风味，可以耐高温烘焙。适合中高档糕点、食品使用。当然价格也相对较高。

另外，天然香草豆提取物也有粉末状产品，可以称为香草粉，同样是香草在食品工业中应用的良好原料。

（六）食用色素

食用色素是以食品着色为目的的食品添加剂。来自动植物的烹饪原料具有不同的色泽，但在烹调加工过程中由于加热、遇酸、氧化等而导致褪色或变色。所以，有时可通过使用食用色素改善、强化、赋予菜点的色泽。食用色素按照来源的不同，可分为食用天然色素和食用合成色素两大类。

1. 天然色素

红曲色素

天然色素是指从自然界动植物体中直接提取的色素，基本上是植物色素，也有一些动物色素和微生物色素。

（1）红曲色素　又称红曲，是将红曲霉属中的红曲霉、紫红红曲霉等菌种接种于蒸熟的大米后经培育而得到的制品。成品为不规则的红色米粒，外表呈棕红色或紫红色，质清脆，微有酸味。提取出的红曲色素纯品为针状结晶，熔点为136℃，不溶于水，可溶于乙醇、丙酮、醋酸等有机溶剂。它为针状结晶，耐高温、耐光热，不溶于水，可溶于有机溶剂，色调鲜艳有光泽，不易改变，且较稳定，以蛋白质染着性好。

在西点中主要用于一些肉类馅心和点缀食品的染色。

姜黄素

（2）姜黄素　是由姜科多年生草本植物姜黄的根状茎中提取的黄色色素。纯品为橙色粉末，有胡椒芳香，稍带苦味；不溶于冷水，溶于乙醇、丙二醇，易溶于冰醋酸和碱溶液；在碱性溶液中呈红褐色，在中性、酸性溶液中呈黄色，易因铁离子存在而变色；耐还原性、染着性强，但耐光性、耐热性差。

姜黄素可用于饮料、糖果、糕点等食品的着色。

甜菜红

（3）甜菜红　甜菜红是从红甜菜的肉质根中提取的有色化合物的总称。成品为红色或红紫色的结晶样粉末；可溶于水，微溶于乙醇，不溶于无水乙醇；水溶液呈红色至紫红色；染着性好，但耐热性较差。

甜菜红可对多种食品染色，着色均匀，色泽鲜艳，稳定性强，无任何杂味和异味，食用安全性很高。使用量一般为0.5～5.0克/千克。

紫胶虫色素

（4）紫胶虫色素　又称紫胶色素、虫胶色素，是昆虫纲同翅目胶蚧科的紫胶虫在寄主植物上分泌的紫胶原胶中的一种色素成分。主产于东南亚和我国四川、云南、台湾等地。

紫胶虫色素多用于汽水、果子露、红绿丝、糖果、罐头等食品的着色。最大使用量为0.5克/千克。

2. 人工合成色素

人工合成色素是指用人工合成的方法合成的食用色素。一般较天然色素色彩鲜艳，坚牢度大，性质稳定，着色取得任意色调，成本低廉，使用方便。但安全性低，超过规定用量时都有程度不等的毒性，无营养价值，各国对其都有严格控制的使用量。

根据我国2014年颁布的《食品安全国家标准　食品添加剂使用标准》规定，允许使用苋菜红、胭脂红、柠檬黄、日落黄、靛蓝五种食用合成色素。在烹饪中常用于中西点、红绿丝、胶冻及食雕作品等的染色；在食品工业中用于果汁粉、水果糖、罐头、果冻、冷饮制品等的着色。

苋菜红

（1）苋菜红　苋菜红为均匀的紫红色粉末，无臭，溶于水，不溶于油脂，0.01%水溶液呈玫瑰红色，具有良好的耐光性、耐热性、耐盐性、耐酸性，在碱性溶液中变成暗红色。常用于鱼糕、腊肠、糕点以及寿桃、喜字蛋糕等西点的着色、点缀，发酵食品不宜使用。最大使用量为0.05克/千克。

（2）胭脂红　又称丽春红，为红色至深红色粉末，无臭，溶于水呈红色，耐光性、耐酸性较好，但耐热性、耐还原性相当弱，遇碱变成褐色。可用于鱼糕、火腿、红肠、酱菜、淡红色小虾、中西式糕点等食品的着色、点缀。最大使用量为0.05克/千克。

胭脂红

（3）柠檬黄　又称淡黄，为橙黄色粉末，无臭，水溶液呈黄色，耐热性、耐酸性、耐光性、耐盐性好，耐氧化性较差，遇碱稍变红，还原时褪色。可用于咸菜、鱼贝类小菜、咖喱粉等食品的着色，并用于褐色、蛋黄色、橙黄色、豆沙色等多种颜色的调色。最大使用量为0.1克/千克。

（4）日落黄　又称橘黄，为橙色的颗粒或粉末，无臭，易溶于水，溶液呈橙黄色，耐光性、耐热性、耐酸性都非常强，耐碱性较好，但在碱性环境下呈红褐色，还原时褪色。可用于中西糕点、黄色酱萝卜、海胆酱等食品的着色，并用于金茶色、赫石色等颜色的调色。最大使用量为0.1克/千克。

（5）靛蓝　靛蓝为蓝色均匀粉末，无臭，水溶液呈深蓝色，但溶解度很低，热、光、酸、碱、氧化都很敏感，还原时褪色，但染色附着力好。很少单独使用，多与其他色素混合后调制成绿色等色。可用于中西式糕点、馅料、冷食、饮料等。最大使用量为0.1克/千克。

柠檬黄

日落黄

靛蓝

（七）乳化剂

乳化剂是面团的表面活性剂，可以降低界面张力，在分散相表面形成保护膜。乳化剂分子结构的两亲性特点，使乳化剂具有了油、水两相产生水乳交融效果的特殊功能。

1. 乳化剂的分类

按加工与否可分为天然乳化剂和人工乳化剂。

天然乳化剂包括大豆磷脂、卵磷脂。主要成分是卵磷脂、脑磷脂和肌醇磷脂等。

合成乳化剂包括蔗糖脂肪酸酯、单甘酯、硬脂酰乳化钙。

2. 乳化剂在西点中的作用

（1）与油脂作用形成稳定的乳化液，防止面粉成分中凝结晶块的产生，使制品疏松、细腻，触感、口感等得到改善。

（2）与蛋白质作用形成面筋蛋白复合物，促进蛋白质分子间相互结合，使面筋网络更加致密而富有弹性，持气性增强，从而使制品的体积增大。

（3）与直链淀粉作用形成不溶性复合物，阻碍可溶性淀粉的溶出，从而减少直链淀粉在糊化时对淀粉粒间的黏结力降低，使面包松软。

（4）抗老化作用，对面团的改良作用；防止产品老化，改善内部组织结构，保持新鲜。

3. 常用的乳化剂

西点中使用最多的乳化剂有硬脂酰乳酸钠、硬脂酰乳酸钙、双乙酰酒石酸单甘油酯、蔗糖脂肪酸酯、蒸馏单甘酯等。各种乳化剂通过面粉中的淀粉和蛋白质相互作用，形成复杂的复合体，起到增强面筋，提高加工性能，改善面包组织，延长保鲜期等作用，添加量一般为0.2%~0.5%。

（1）硬脂酰乳酸钠/钙　具有强劲的保鲜作用。一方面与蛋白质发生强烈的相互作用，形成面筋蛋白复合物，使面筋网络更加细致而有弹性，改善酵母发酵面团持气性，使烘烤出来的面包体积增大；另一方面，与直链淀粉相互作用，形成不溶性复合物，从而抑制直链淀粉的老化，保持烘烤面包的新鲜度。硬脂酰乳酸钠/钙在增大面包体积的同时，能提高面包的柔软度，但与其他乳化剂复配使用，其优良作用效果会减弱。

（2）双乙酰酒石酸单甘油酯　能与蛋白质发生强烈的相互作用，改进发酵面团的持气性，从而增大面包的体积和弹性，这种作用在调制软质面粉时更为明显。如果单从增大面包体积的角度考虑，双乙酰酒石酸单甘油酯在众多的乳化剂当中的效果是最好的，也是溴酸钾替代物的一种理想途径。

（3）蔗糖脂肪酸酯　在面包品质改良剂中使用最多的是蔗糖单脂肪酸酯，它能提高面包的酥脆性，改善淀粉糊黏度以及面包体积和蜂窝结构，并有防止老化的作用。采用冷藏面团制作面包时，添加蔗糖酯可以有效防止面团冷藏变性。

硬脂酰乳酸钠

双乙酰酒石酸单甘油酯

蔗糖脂肪酸酯

蔗糖脂肪酸酯一般是由脂肪酸的低碳醇酯和蔗糖酯交换而得，是性能优良高效而安全的乳化剂，广泛应用在饮料、面包、糖果糕点、方便食品等。例如可给予冰激凌良好的组织与质地，使冰晶细小，口感细腻、提高膨胀率、增强抗溶性，在温度剧变的情况下，能确保冰激凌长时间保持细腻、润滑的结构。

（4）蒸馏单甘酯　主要功能是作为面包组织软化剂，对面包起抗老化保鲜的作用，并且常与其他乳化剂复配使用，起协同增效的作用。

（5）丙二醇脂肪酸酯　主要用于蛋糕和西点，乳化性不强，常与甘油脂肪酸酯复配使用，可提高乳化效果。

（6）大豆磷脂　简称磷脂，是大豆油加工中得到的副产品。水蒸气通过原豆油中，磷脂与水蒸气一起蒸出，冷却后磷脂胶状物沉淀下来，经离心脱水、减压干燥的粗晶磷脂，粗磷脂精制后得到膏状、液状和粉状精制产品。

蒸馏单甘酯

丙二醇脂肪酸酯

大豆磷脂

思考题

1. 什么是食品添加剂？在西点中有什么作用？
2. 什么是增稠剂？有哪些具体品种？在西点中有什么作用？
3. 什么是乳化剂？在西点制作中有什么作用？

项目三
西点制作基础

【项目描述】

西点种类繁多，每一种西点都有自己相对固定的配方、不一样的成形技法、不同的成熟方法以及各具个性的装饰手段，因此，我们应该全面掌握西点制作过程中的基础知识，为以后熟练制作西点具体品种作一个良好的铺垫。

【学习目标】

1. 通过学习，掌握配方实际用料量的计算方法。
2. 通过学习，能解释西点配方的设计原则。
3. 通过学习，能阐明配方平衡的概念、原则。
4. 通过学习，能够根据配方进行正确的配方称量。
5. 通过学习，能够准确进行配方计量单位的换算。

任务1 西点配方与称量

一、配方及其表现形式

配方是指在西点制作过程中为某个品种提供的配料和配比的方子，配方是做好西点产品的基础。成功制作西式点心的诀窍之一是原料的分量和比例要严格遵守配方，它不像做菜肴加调料，可以边尝边调节，也不像中式面点，可以依赖经验和感觉，西点各种原料之间的配比十分明确，用量要求准、精。西点制作需要很多因素配合，原料的选择，制作者对原材料的性能把握，制作工具的选择，制作者对面糊各种状态的把握以及对各种突发情况的处理能力等，没有一个成熟的、经过实际应用的配方，会直接影响产品的品质和质量。虽然同一个配方有很多种做法或是需要注意的事项，操作的步骤，选用的原料，甚至使用的设备不一样都会影响产品的正常变化，而配方则是最基本的前提。

从配方中可以一目了然地看出各种原料的相对比例，简单明了，容易记忆，可以快速计算出配方中各原料的实际用量，计算快捷、精确，方便调整、修改配方，以适应生产需要，可以预测产品的性质和品质。

配方通常以烘焙百分比表示：烘焙百分比=（原料质量 / 面粉质量）×100%。烘焙百分比（Baker's percent）是烘焙业专用的百分比，它与一般的百分比有所不同。在实际百分比中，配方总百分比为100%，而在烘焙百分比中，则以配方中面粉的质量为基准（100%），配方中其他各原料的百分比是相对于面粉的用量而定，且总百分比超过100%。烘焙百分比已经是国际上所认同的计量方法，多用于大批量西点的制作。也可以用以实际重量表示，这种方式适用于家庭和小分量西点的称量，常出现在专业书籍和家庭烘焙中。还可以用以实际百分比表示：实际百分比=（原料质量 / 总质量）×100%。

二、配方平衡

一个好的配方能够做出好的产品，但西点的配方也不是一成不变的，而是可以根据条件和需要在一定范围内变动，这种变动并不是随意的，须遵循一定的原则，即配方平衡原则。如果缺乏一些常用的知识，即便再成熟的配方也不能够充分运用。烘焙产品所用的材料种类繁多，每一种材料的性质功能都不相同，同时每种材料的用量也不一样，了解配方的组成和原理，有利于提高制作的成功率。配方平衡原则对西点制作具有重要的指导意义，它是产品质量分析、配方调整或修改以及新配方设计的依据。

配方平衡原则建立在原料功能作用的基础上，原料按其功能作用的不同可分为以下几组：

第一组：干性原料，主要包括面粉、乳粉、泡打粉、可可粉等。

第二组：湿性原料，主要包括鸡蛋、牛乳、水等。

第三组：强性原料，主要包括面粉、鸡蛋、牛乳等。

第四组：弱性原料，主要包括糖、油、泡打粉等。

因为干性原料需要一定量的湿性原料润湿，才能调制成面团和浆料。强性原料含有高分子的蛋白质，特别是面粉中的面筋蛋白质，它们具有形成及强化制品结构的作用。弱性原料是低分子成分，它们不能成为制品结构的骨架，相反，具有减弱或分散制品结构的作用，同时需要强性原料的携带。

配方平衡原则的基本点是：在一个合理的配方中应该满足干性原料和湿性原料之间的平衡，强性原料和弱性原料之间的平衡。

1．干湿平衡

不同品种在调制面糊或面团时所需的液体量不同。总的来说，面糊的含水量大于面团的含水量，调制时需要更多的液体。按液体比例从多到少可将面糊和面团作如下分类：稀面糊（如海绵蛋糕）、浓面糊（如油脂蛋糕）、软面团（如面包）、硬面团（如酥点心）。

蛋糕液体的主要来源是蛋液，蛋液与面粉的基本比例为1∶1，即面粉约需等量的蛋液来润湿。由于海绵蛋糕主要表现为泡沫体系，而气泡可以增加面糊的硬度。此外，鸡蛋蛋白质在结构方面的作用也可以平衡因液体增加对结构和成形的不利作用，所以海绵蛋糕在上述蛋、粉基本比例的基础上，还可以增加较多的蛋液。而油脂蛋糕则主要表现为乳化体系，水太多不利于油、水乳化且使面糊过稀，故蛋液的加入量一般不超过面粉量。

面包面团形成时，面筋需要充分吸水膨润和扩展，故加水量较多，相当于面筋蛋白质及淀粉吸水量的总和。而松酥点心面团吸水因受到油脂限制，且需要减少面筋的生成，所以加水量较少。

各类主要制品液体量的基本比例（以面粉用量为基准）如下。

①海绵蛋糕　加蛋量100%～200%或更多（相当于加水量75%～150%或更多）。

②油脂蛋糕　加蛋量约100%（相当于加水量75%）。

③面包　加水量50%左右。

④松酥点心　加水量10%～15%。

此外，干湿平衡的调整还应注意以下几点。

（1）在制作低档蛋糕时，蛋量的减少可用水或牛乳来补充液体量，但总加水量不应超过面粉量。

（2）根据油、糖对吸水作用的影响，当配方中的油和糖增加时，加水量则相应减少。一般每增加1%的油脂，应降低1%的加水量。另外，配方中如增加了其他液体如鸡蛋、糖面糊、果汁等，加水量也相应减少。

（3）配方中的总液体量大于糖量时有利于糖的溶解。

（4）由于各种液体的含水量不同，故它们之间的换算不是等量关系。例如制作曲奇时，为了增加曲奇的口感，配方中水可以用鸡蛋或牛乳代替，如果选择的是鸡蛋，就需要适当增加鸡蛋的量，因为鸡蛋含水约75%，否则面糊就可能变干。

（5）现在不少添加其他粉料蛋糕制作时，加入方式是使用粉料代替原配方中的部分面粉，如可可蛋糕、抹茶蛋糕等。由于所加入的粉料和面粉的吸水性不同，增加或减少水（牛乳）量来调节干湿平衡。例如，添加可可粉的蛋糕配方，加入可可粉后，需要增加同样重量的水（牛乳）来调节平衡。

2. 强弱平衡

（1）油脂和糖的比例　强弱平衡考虑的主要问题是油脂和糖对面粉的比例。不同特性的制品所加油脂量不同。一般而言，酥性制品（如油脂蛋糕和松酥点心）中油脂含量较多，而且油脂越多，起酥性越好。但油脂量一般不超过面粉量，否则制品会过于酥散而不能成形。非酥性制品（如面包和海绵蛋糕）中油脂含量较少，否则会影响制品的气泡结构和弹性。在不影响制品品质的前提下，根据甜味的需要，可适当调节糖的用量。

各类主要制品油脂和糖量的基本比例（对面粉百分比）大致如下。

①海绵蛋糕：糖80%～110%，油脂0%。

②奶油海绵蛋糕：糖80%～110%，油脂10%～50%。

③油脂蛋糕：糖25%～50%，油脂40%～70%。

④面包：糖0%～20%，油脂0%～15%。

调节强弱平衡的基本规律是：当配方中增加了强性原料时，应相应增加弱性原料来平衡，反之亦然。例如，油脂蛋糕配方中如增加了油脂量，在面粉量与糖量不变的情况下要相应增加蛋量来平衡。此外，蛋量增加时，糖的量一般也要适当增加。在海绵蛋糕制作中，糖能维持鸡蛋打发所形成的泡沫的稳定性。而在油脂蛋糕制作中，油脂打发时，糖（特别是细粒糖）能促进油脂的充气膨松。

（2）泡打粉的加入和比例　泡打粉是一种化学膨松剂，常用于蛋糕、点心、饼干等制品中，起到协助或部分代替鸡蛋的发泡作用或油脂的酥松作用。当蛋糕中蛋量有所减少，油脂蛋糕和松酥点心中油脂或糖量有所减少，可以适当补充泡打粉。此外，配方中有牛乳加入时，可加适量的泡打粉使之平衡。

当海绵蛋糕配方中蛋量减少时，除应补充其他液体外，还应适当加入或增加少量泡打粉以弥补膨松不足。同时蛋减少得越多，泡打粉相应增加得也越多。一般而言，蛋与面粉之比超过150%时，可以不加泡打粉。高、中档蛋糕的泡打粉用量为面粉量的0.5%～1.5%。较低档蛋糕（蛋量少于面粉量）的泡打粉用量为面粉量的2%～4%。以上原则也适用于加油脂较多的酥性制品如油脂蛋糕、松酥点心、饼干等。即油脂减少得越多，泡打粉增加得也越多。

三、配方失衡对制品质量的影响

1. 液体

一方面，液体太多会使蛋糕最终呈“锅底”形状。在热的烤炉中看不到过量液体产生的后果，因为这时液体以蒸汽的形式存在。然而一旦冷却后，蒸汽便重新凝结为液体，并沉积在蛋糕底部，形成一条“凹塘”，甚至使部分糕体随之坍塌，制品体积缩小。另一方面，液体量不足则会使成品出现一个紧缩的外观，且内部结构粗糙，质地硬而干。

2. 糖和泡打粉

糖和泡打粉过多会使蛋糕的结构变弱，造成顶部塌陷，形成“凹塘”状。在泡打粉和糖同时使用的情况下，有时难以判断究竟是糖还是泡打粉所引起的后果。如蛋糕口感太甜且发黏，可知是糖加得太多；泡打粉过多时，可能引起蛋糕底部发黑。糖和泡打粉不足则会使蛋糕质地发紧，不疏松，顶部突起太高甚至破裂。

3. 油脂

油脂太多也能弱化蛋糕的结构，致使顶部下陷，且糕心油亮，口感油腻。如油脂不足，同糖不足一样，蛋糕发紧，顶部突起甚至裂开。

四、西点称量

1. 称量工具

西点制作过程中需按照配方严格称量配料。没有称量设备，仅凭经验和估算做西点，严格意义来说是不允许的。常见的称量工具包括秤、量杯和量匙。

2. 使用方法

西点配方中，如泡打粉、酵母粉、苏打粉等膨松剂，以及香料、香精等，都是仅使用微量就能达到效果，添加太多反而会使风味变差或者组织口感不良。像这一类仅使用少量的粉类原料可以利用量匙来量取，1小匙约为5克，将量匙舀起原料并将满出的粉料刮除就比较精准。另外像液体原料，少量的话可以用量匙来量，用量在50毫升以上，可以将透明量杯置于水平桌面，达到指定刻度即可。

3. 西点制作中常用的法定计量单位

在西点制作中，常用到长度、时间、温度、质量、容积、热量等物理量。通常在不会发生混淆时，物理量可简称为量。我国统一实行法定计量单位。其他计量单位均为非法定计量单位。国家还发布了《计量法》和《标准化法》，制定并颁布了《有关量、单位和符号的一般原则》等国家标准。法定计量单位可简称为计量单位，在不致混淆时可简称为单位。

附（供参考）：

温度换算表：

摄氏度 =（华氏度 − 32）× 5 ÷ 9

体积换算表：

一量杯=16大匙=235毫升

一大匙=3小匙=15毫升

一小匙=5毫升

1/2小匙=2.5毫升

材料换算表：

黄油1大匙=13克，1杯=227克=1/2磅=2小条，1磅=454克

人造黄油1大匙=14克，1杯=227克=1/2磅

沙拉油1大匙=14克，1杯=227克=1/2磅

牛乳1大匙=14克，1杯=227克=1/2磅=乳粉4大匙+水=乳水1/2杯+水

乳粉1大匙=6.25克

蛋（带壳）1个=60克

蛋（不带壳）1个=55克

蛋黄1个=20克

蛋白1个=35克

细砂糖1杯=200克

糖粉1杯=130克

细砂糖1杯=180～200克

粗砂糖1杯=200～220克

糖浆1大匙=21克

绵白糖（过筛）1杯=130克

面粉1杯=120克

玉米粉1大匙=12.6克

可可粉1大匙=7克

花生酱1大匙=16克

蜂蜜1大匙=21克，1杯=340克

碎干果1杯=114克

葡萄干1杯=170克

干酵母1小匙=3克

盐1小匙=5克

泡打粉1小匙=4克

小苏打1小匙=4.7克

塔塔粉1小勺=3.2克

思考题

1. 什么是配方？配方的表现形式是什么？
2. 简述配方平衡原则。
3. 配方失衡对制品的影响有哪些？

任务2 西点制作基本功与成形技法

西点制作基本功是指在西点制作过程中所采用的最基本的制作技术及方法，包括调制面团、搓条、分剂、制作、成形和熟制等主要环节。

西点制作的基本操作手法是西点制作的基本动作。它不仅能使成品拥有美丽的外观，而且能丰富西点的品种。西点常用的基本操作手法有擀、包、裱、挤、搅打、捏、卷、切、割、抹、淋、折叠、拉、转等。每种手法均有其特有的功能，实际工作中可视需要相互配合使用。一款西点往往是通过多种操作技法综合运用完成的。因此，西点师的基本功熟练与否，直接影响着产品的质量。

西点成形是指将调制好的面团、膏料、半成品按照品种的要求，运用各种成形技法制作成半成品或成品的工艺过程。西点成形工艺讲究基本功，内容丰富，要求对温度、时间、速度的把握高，有些品种造型甚至需要美术技巧，才能达到要求的形态和构思意境。因此成形工艺是一项技术性和艺术性相结合的操作技术，需要在实际操作中结合具体品种反复实践，才能做到熟练掌握。

西点的制作是一项技术要求较高的工艺，操作者既要了解原料及辅料的特点及操作的基本要求，又应根据西点配方中所含原料的变化差异来合理调配比例，根据个人的审美观念，合理的操作手法，制作出精美的成品。

一、筛面

筛面

筛面就是面粉过筛，将称量好的面粉以筛网过滤的过程。这是一道在西点制作中简单但绝不可省略的步骤。

1. 筛面的目的

过筛可以去除面粉里的杂质，裹入空气将受潮结块的面粉颗粒打散，面粉变松散后，非常容易和其他原料混合均匀。制作蛋糕时使用率最高的低筋面粉因为蛋白质含量较低，即使未受潮，放置一段时间之后依然会结块，过筛一方面可以沥除杂质；另一方面则达到了打散结块的作用，以免拌出都是面粉颗粒的面糊而影响蛋糕质量。

2. 筛面的方法

筛面的方法：将粉类置于筛网上，一只手持筛网，另一只手轻轻拍打筛网边缘即可。过筛原料不同，过筛的方法略有不同。为装饰撒上糖粉和可可粉，用小型的滤茶器更容易调节用量。

过筛视成品的需求不同，可以过筛一到两次。另外将面粉和泡打粉、玉米粉等干粉类材料一起过筛，可以将不同密度的材料均匀混合在一起。过筛也能使粉类与黄油拌合，不会有小颗粒产生，烘焙出来的口感比较细腻。过筛完后留在筛网中的粉块，可以用手直接压碎过筛，即要过筛完所有的粉料，避免称量后面粉分量因为过筛后不准确。

二、和面

和面

和面是将粉料与水或其他辅料掺和在一起搅拌成面团的过程。和面的方法有两种，一种是借助机械和面，另一种是手工和面。西点常见的面团有甜酥面团、咸酥面团、水面团和酵母面团等。它是整个点心制作中最初的一道工序，也是一个重要的环节。和面的好坏直接影响成品的质量，影响点心制作工艺能否顺利进行。

1. 抄拌法

将面粉放入缸或盆中，中间掏一个坑，放入七八成的水，双手伸入缸中，从外向内、由上而下反复抄拌。抄拌时用力要均匀，待成为雪片状时，加入剩余的水，双手继续抄拌，至面粉成为结实的块状时，可将面搓、揉成面团。

2. 调和法

先将面粉放在案台上，中间开个“窝塘”，再将鸡蛋、油脂、糖等物料倒入中间，双手五指张开，从外向内进行调和，再搓、揉成面团（如混酥面团）。

3. 搅和法

一般用于烫面和蛋糊面团。搅和法和面的具体操作过程如下：先将面粉倒入盆中，然后用左手浇水，右手拿擀面杖搅拌，边浇水边搅动。使其吃水均匀，搅匀成团；然后将搅和成的面团放在案板上，根据其性质可再加水或干粉，用手搓成面团。

4. 和面的技法操作注意事项

（1）要掌握液体配料与面粉的比例。

（2）要根据面团性质的需要，选用面筋含量不同的面粉，采用不同的和面手法。

（3）动作要迅速，干净利落，面粉与配料混合均匀，不夹粉粒。

（4）要做到面光、手光、案板（或缸）光。

（5）姿势要正确，两腿分开，站成丁字步，上身朝前倾，便于用力。

（6）用搅和法时要注意，和烫面时，沸水要浇遍、浇匀，使面水尽快混合均匀；和蛋糊面时，必须顺着一个方向搅匀。

不同的面团有不同的具体操作方法。操作中要注意方法得当；机械搅拌速度适中，时间合理。和面时掺水量应根据不同品种、不同季节和不同面坯而定。掺水时，应根据面粉的吸水情况分几步掺入，而不是一次加大量的水，这样才能保证面坯的质量。手工操作动作协调，干净利落。无论哪种和面手法都要求投料吃水均匀，符合面坯的性质要求。和面以后，要做到手不粘面、面不粘盆、面不粘案。

三、揉面

揉面

揉是手掌或手指施力于食品原料循环推压的动作。主要用于面团制品和可塑性原料。揉面的目的是使面团中的淀粉黏结，气泡消失，排除气体，或将可塑性食品变软，使内部组织疏密一致，蛋白质分布均匀，以便产生有弹性的面筋网络，增强面团的筋力。揉匀、揉透的面团，内部结构均匀，外表光润爽滑，反之则影响质量。

揉面要始终保持一个光洁面，不可无规则乱揉，要有一定的顺序进行揉，不能随意揉，否则不易使面坯达到光洁的地步，还会破坏其面筋网络的形成。

1. 揉的方法

（1）单手揉　适用于较小的面团，其方法是先将较小的面团分成小剂，置于工作台上，再将五指合拢，手掌扣住面剂，朝着一个方向旋转揉动。面团在手掌间能够自然滚动的同时要挤压，使面剂紧凑，光滑变圆，内部气体消失，面团底部中间呈旋涡形，收口向下。这样揉成的面坯再放置到烤盘上进行烤制。

（2）双手揉　适用于较大的面团。其方法是用一只手压住面剂的一端，另一只手压住面剂的另一端，用力向外推揉，再向内使劲卷起，双手配合，反复揉搓，使面剂光滑变圆。待收口集中后，最后压紧，收口向下放置到烤盘上进行烤制。

2. 揉的技法操作注意事项

（1）揉面时用力要轻重适当，要有“浮力”，俗称“揉得活”。特别是发酵膨松的面团更不能死揉，否则会影响成品的膨松。

（2）揉面的动作要利落，揉匀、揉透，揉出光泽。

（3）使用两种方法的揉面动作要越快越好，否则会因时间过长受手的体温影响导致面团粗糙、发黏，影响质量。

四、搓

搓

搓是将揉好的面团改成长条状，或将面粉与油脂混合在一起的操作手法，可以双手或单手配合使用。搓一般与揉并用，相互配合，完成制品成形。搓面团时先将揉好的面团改成长条状，双手的手掌摁在条上，双手同时施力，来回地揉搓，边推边搓，面条前后滚动数次后会向两侧延伸，成为粗细均匀的圆形长条。油脂与面粉混合时，手掌向前施力，使面粉和油脂均匀地混合在一起。但不宜过多揉搓，以防面筋网络的形成，影响质量。操作中注意动作协调，用力均匀。

1. 搓的基本要求

搓的基本要求是条圆，光洁（不能起皮、粗糙），粗细一致。要做到这一点，一方面要两手着力均匀，两边使力平衡，另一方面要用掌根揿实推搓，不能用掌心，掌心发空，撒不平，压不实，不但搓不光洁，而且不易搓匀。面条的粗细，要根据面剂的大小确定。

2. 搓条的注意事项

（1）搓时，要搓、揉、抻相结合，边揉边搓，搓的时间不宜过长，用力不宜过猛，否则面团容易断裂、发黏，使面团始终呈粘连凝结状态，并向两头延伸。

（2）双手动作要协调，两手着力均匀，防止一边大一边小，使条粗细不匀。

（3）搓条要紧，粗细均匀，保持双手的干燥，否则面团不光泽，同时出现发黏的现象。

五、擀

擀

擀是西点整形的常用手法，是借助于工具将面团展开压平或压薄使之变为片状的操作手法。面团经过擀制成平或薄的状态后，直接涂抹上或包入馅料即可成形。有的造型则是在包馅完成后再擀制成形，擀好的面团可利用折叠、卷等方法做出形态各异的造型，主要用于清酥、混酥、面包的坯料等。

1. 擀的方法

擀是将坯料放在工作台上，擀面杖置于坯料之上，用双手的中部按住擀面杖，向前滚动的同时，向下施力，将坯料擀成符合要求的厚度和形状。如清酥面的擀制，用水调面团包入黄油后，擀制时要用力适当，掌握平衡。清酥面的擀制是较难的工序，冬季好擀，夏季擀制较困难，擀的同时还要利用冰箱温度来调节面团的软硬度。擀制好的成品起发高、层次分明、体轻个大；擀不好会造成跑油，层次混乱，虽硬不酥。

2. 擀的技法操作注意事项

（1）擀制面团时应干净利落，施力均匀。

（2）擀制品要平，无断裂。

（3）擀制品一般要厚薄均匀，表面光滑。

六、包

包

包是将滚圆稍微醒制的面团，用手将其轻轻地压扁后，立即包入馅料的成形技法。包常与其他成形技法如卷、捏等结合在一起成形，也往往与上馅方法结合在一起，如包入法、包拢法、包裹法、包捻法等。

1. 包的方法

包制时，将分割、滚圆的面团轻轻压扁，馅料较干的可视其需要先制成均等的若干小块，然后将面团拿起放在手掌上将馅料放在面团的中央包入。较稀的馅料则需借助工具将馅料放在手掌托起的面团中央部位。馅料放入后，运用右手拇指与食指拉取周围的面团包入馅料，再运用捏的手法将封口捏紧。

2. 包的技法操作注意事项

（1）包制时一般将面皮压扁，中间略厚，周围稍薄。

（2）包馅时应注意馅料不要粘在面片的边缘，否则封口难以捏紧，出现裂开现象，影响造型的美观。

七、挤

挤

挤又称裱型，是对西点制品进行美化、再加工的过程，是利用挤嘴、挤袋或纸卷，将装入的膏料在烤盘或半成品表面中挤制出各式图案的工艺，通过这一过程增加制品的风味特点，以达到美化外观、丰富品种的目的。挤是西点中很重要的一种操作手法，在成形和装饰工艺上起着很重要的作用。多用于蛋糕、小西饼的制作。制作的品种不同，所用的挤嘴也不同，挤制时所用的手法和劲力也不相同。在挤制泡芙面糊时，运用不同的花嘴和手法，可以制作出造型各异的各类制品。操作中注意手法娴熟、流畅、自然。

无论挤何种原料，都要求纹路清晰、均匀，薄厚一致，所挤内容要与制品的质量要求、造型要求相统一，在特定环境下，挤出的图案要以制品的要求为准则。

1. 挤的方法

（1）布袋挤法　先将布袋装入裱花嘴，用左手虎口抵住裱花袋的中间，翻开内侧，用右手将所需材料装入袋中，切忌装得过满，装半袋为宜。材料装好后，即将口袋翻回原状，同时把口袋卷紧，内侧空气自然被挤出，使挤花袋结实硬挺。适时右手虎口捏住挤袋上部，同时手掌紧握花袋，左手轻扶挤花袋，并以45°角对着蛋糕表面挤出，此时原料经由花嘴和操作者的手法动作，自然形成花纹。

（2）纸卷挤法　将纸剪成三角形，卷成一头小、一头大的喇叭形圆锥筒，然后装入原料，用右手的拇指、食指和中指在纸卷的上口用力挤出。

2. 挤的技法操作注意事项

（1）双手配合要默契，动作要灵活，只有这样才能挤出自然美观的花纹。

（2）用力要均匀，装入的物料要软硬适中，捏住口袋上部的右手虎口要捏紧。

（3）要有正确的操作姿势。

（4）图案纹路要清晰，线条要流畅，大小均匀，薄厚一致。

八、搅打

搅打

搅打也称打发，是将奶油或黄油、蛋液类原料，加入白糖后，用打蛋器进行搅打，使之成为膨松的装饰料的过程。西点中如蛋清、全蛋、黄油以及鲜奶油，都是最常见需要打发的材料。这个步骤关系到西点制作最后的成功与否。打发蛋液或鲜奶油所产生的气泡，会影响到蛋糕的膨松度、口感。如果打发得不够，蛋糕可能会膨胀不起来，或品质变硬。相反，如果打发得过度，蛋糕气孔过大，组织粗糙。

打发时的必备器具是手动打蛋器或电动搅拌器。手动搅打是利用手臂的力量进行打发，适用于分量较少的原料或临时需要使用的打发情况，打发时注意速度尽量保持均匀，利用手腕的巧劲进行操作，要求顺一个方向进行搅打。机器搅打的优点是省力，而且速度可以调节，搅打时要根据制品的要求选择合适的速度，并根据实际情况进行调节。

打发和拌匀不同，打发需要借助打蛋器不断地搅打拌入大量空气，使材料体积膨胀或材质柔软，如果选用有死角的容器来盛装，就会有很多材料堆积在边缘角落而无法被打发，应该使用圆底而有深度的不锈钢盆或玻璃盆。不能选择铝及塑料材质的工具，原因是在打蛋器搅打摩擦的过程中，容易使容器碎屑刮落融入材料中，导致打发膏料变色，造成对产品品质和人体不良的影响。

1. 搅打的方法

在缸或盆中加入奶油、蛋清类原料，加入白糖后，用打蛋器顺时针进行搅打，使之体积为原来的4～5倍即可。

2. 搅打的技法操作注意事项

（1）搅打前，缸或盆等容器中，不要有油脂类的物质。

（2）搅打时用力要均匀。

（3）搅打时要兼有“挑”的动作，使空气能够更快地充入，形成均匀的泡沫。

九、搅拌（混合）

搅拌

搅拌就是将两种以上的原料混合均匀的方法，这一步非常关键。不同的西点制品，搅拌的力度大小、搅拌的用具、搅拌的手法、搅拌的次数都不相同。搅拌中经常使用的工具有橡皮刮刀和打蛋器。搅拌的方法有以下四种。

1. 调和（Blend）

调和是用木勺、叉子、刮刀或打蛋器调拌原料，适用于大部分面糊的调制。

2. 搅入（Stir in）

搅入是将原料一边加入一边搅拌。

3. 切拌（Fold in）

切拌是用刮刀竖向像剪开一样地拌，然后把搅拌盆按顺时针方向旋转，搅拌两次之后，从底下铲起大面积往上翻，再竖向像剪开一样地搅拌的过程，适用于比较轻盈的面糊搅拌，如戚风蛋糕、马卡龙等。

4. 翻拌（Mix up）

翻拌是往材料中加入蛋白霜等搅拌时，为了不消泡，要将橡皮刮刀伸入搅拌料底部，像舀水一样将材料翻起来再搅拌。

十、捏

面团包入馅料以后需运用捏的方法使其封口，捏是将包馅（也有少数不包馅）的面剂，按成品形态要求，通过拇指与食指上的技巧制成各种形状的方法。是通过手指尖之间的配合，将制品原料粘连或挤压在一起，捏紧收口是为了防止馅料溢出或因面团的膨胀封口松开，捏与包的动作是连贯统一的，捏好包紧是成形的关键。面团包馅后的形状是由捏的形态决定的，包入馅料的面团可捏成圆形、长形甚至三角形，或者做成各种栩栩如生的实物形态。

捏制手法往往要配合其他的操作手法来完成。捏是一种艺术性强、操作比较复杂的手法，捏不只限于手工成形，还可以借助工具成形，如刀子、剪子等。西点制作中常以细腻的杏仁膏或翻糖为原料，捏成各种花、水果（如梨、香蕉、绿色的葡萄及寿桃等）和小动物（如猪、狗、兔等）。操作中注意用力适度、指法准确、制品要美观，形态要真实、完整。

1. 捏的方法

由于制品原料不同，捏制的成品有两种：一种是实心的；另一种是包馅的。实心的为小型制品，其原料全部由杏仁膏构成，根据需要点缀颜色，有的浇一部分巧克力。包馅的一般为较大型的制品，它是用蛋糕坯与蜂蜜调成团后，做出所需的形状，然后用杏仁膏包上一层。

捏的方法有一般捏法和捏塑法两大类。

（1）一般捏法 一般捏法比较简单，是一种基础捏制法，只要把馅心放在皮子中心后，用双手把皮子边缘按规格黏合在一起即成。没有纹路、花式等，这是一种最简单的形态，馅要居中，收口处不能太薄或太厚；加馅要适量，根据品种要求，掌握皮馅比例。

（2）捏塑法 捏塑法是花式面点的主要成形方法，是在坯皮包入馅心后，利用右手的拇指、食指采取提褶捏、推捏、捻捏、折捏、叠捏、扭捏、花捏等手法，捏塑成各种花纹花边的、立体的、象形的品种。捏塑法工艺要求较高，在制作时应注意：皮馅配合要适宜，要根据制品成形要求掌握加馅量，不可将馅心抹到收口处，影响成形；花式品种制作要精细、逼真，但不可过于烦琐。

2. 捏的技法操作注意事项

（1）捏制时，用力要均匀，面皮不能破损。

（2）制品封口时，要不留痕迹。

（3）制品要美观，形态要逼真。

十一、卷

卷

卷是西点的成形手法之一，也是擀制的下一步骤，是将平面原料或半成品，从一端折起、弯曲到另一端，使产品改变形状，形成圆柱形的方法。面团经擀制成薄的状态后，利用双手以滚动的方法将涂抹或包入馅料的面片由外向里或由两头向中间卷制成一个或两个圆筒形条状的造型方式，卷的面料既不可松懈，又不可太紧而破坏面筋网络。

西点制作中需要卷制的品种较多，方法也不尽相同。这种方法常用于制作瑞士蛋糕卷、树根蛋糕或蝴蝶酥等。操作时常与擀、叠等连用，还常与切、压、夹等配合成形，按制法可将卷分为单卷和双卷两种。单卷法是将坯料根据品种要求，从一边卷向另一边成圆筒状的方法。如油酥制品中的卷筒酥。双卷法又分为异向双卷法和同向双卷法。异向双卷法是将坯皮从两头向中间对卷，卷到中心两卷靠拢的方法。操作时卷紧且两卷应粗细一致。同向双卷法是将坯皮从这头卷到中间，翻身再卷到中间，成为一正一反双卷筒的方法。操作时两卷要卷紧且应粗细相等。

1. 卷的方法

需要卷制的品种较多，方法也不尽相同，有的品种要求熟制以后卷，有的是在熟制以前卷，无论哪种都是从头到尾用手以滚动的方式，由小而大地卷成。

卷的方式很多，可视造型需要加以变化。卷有单手卷和双手卷两种形式。

（1）单手卷　单手卷（如清酥类的羊角素酥）是用一只手拿着形如圆锥形的模具，另一只手将面坯拿起，在模具上由小头向大头轻轻地卷起，双手的配合一致，把面条卷在模具上，卷的层次均匀。

（2）双手卷　双手卷（如蛋糕卷）是将蛋糕薄坯置于工作台上，涂抹上配料，双手向前推动卷起成形。卷制不能有空心，粗细要均匀一致。例如：羊角面包的卷制则是将面团先用手搓成头大尾小的长形，用擀面杖擀制成一头大一头小的尖形片，然后用左手拉着尾端右手捏着前端，向外拉长，使右手掌向里卷起形成一个一个的环节，卷到最后，尾端正好置于中间。

2. 卷的技法操作注意事项

（1）被卷的坯料不宜放置过久，否则卷起的面团松懈影响质量。

（2）用力均匀，双手配合要协调一致。

（3）卷制时，两端要整齐卷紧，用力要适当。

（4）卷制后坯条要粗细均匀。

十二、抹

抹

抹是将调制好的糊状原料，用工具平铺均匀，以使制品平整光滑的操作方法。

1. 抹的方法

抹是西点制作和装饰的技法之一。如制作蛋卷时则采用抹的方法，不仅把蛋糊均匀地平抹在烤盘上，制品成熟后还要将果酱、打发的奶油等抹在制品的表面进行卷制。

抹又是对蛋糕做进一步装饰的基础，蛋糕在装饰之前先将所用的抹料（如打发鲜奶油或黄油酱等）平整均匀地抹在蛋糕表面上，为成品的造型和美化创造有利的条件。

2. 抹的技法操作注意事项

（1）刀具掌握要平稳，用力要均匀。

（2）正确掌握抹刀的角度，保证制品的光滑平整。

十三、淋

淋

淋是将融化的巧克力、果酱以及其他酱料，均匀地浇裹在具体西点品种上的技法。

1. 淋的方法

淋是西点制作和装饰的技法之一。例如：在蛋糕装饰过程中，可以将融化的巧克力、果酱以及其他酱料，浇淋在糕体的表面，形成纵横流淌、边角悬挂的艺术效果。

2. 淋的技法操作注意事项

（1）酱体要溶化均匀，稠度一致。

（2）浇淋时要用力均匀，手法熟练。

十四、折叠

折叠

折叠是将擀制均匀的面皮，根据西点具体品种的要求，进行折叠成形的一种技法。

1. 折叠的方法

折叠是西点制作成形的技法之一。例如：在制作清酥制品时，在每一次擀制后，将面片进行二叠、三叠或四叠处理，最后熟制后才能形成分层的效果。

2. 折叠的技法操作注意事项

（1）擀制后要厚薄均匀，折叠方正。

（2）折叠要整齐，尺寸要一致。

十五、拉

拉是能够使面团增长或增宽，并配合整形变化的技法。

1. 拉的方法

有的制品是将面团拉长或拉宽后利用各种手法动作来整形，有的制品是将面团擀薄后再拉长。拉的动作须利用各种手法及造型的需要加以实施。

2. 拉的技法操作注意事项

（1）需要拉长或拉宽的面团需有足够的松弛时间，否则面团易断裂。

（2）拉时要用力均匀，防止面团断裂。

十六、转

转是以双手捏住面团的两端，左手向里、右手向外的扭转，如此可使面团增加变化，制成各种品种。

1. 转的方法

有些制品是以先扭转成形，再配合拉、卷等其他的动作造型。部分制品的扭转则是以两种或两种以上颜色不同面团合为一体后，再扭转成形，花色更为奇制新颖。

2. 转的技法操作注意事项

（1）转时要用力均匀，防止面团断裂。

（2）需要转的面团需有足够的松弛时间，否则面团易断裂。

十七、割

割

割是在被加工的坯料表面划裂口但不切断的造型方法。制作某些品种的面包时常采用割面团的方法，目的是使制品烘烤后，表面因膨胀而呈现爆裂的效果。

1. 割的方法

为满足有些制品坯料在进行烘烤后更加美观，有的制品需先割出一个造型美观的花纹，然后经烘烤，使花纹处掀起，成熟后添入各种馅料，以丰富制品的造型和口味。具体方法是：右手拿刀，左手扶稳坯料，在坯料表面快速划上花纹即可。还有一种方法是分割面坯，即将面坯搓成长条，左手扶面，右手拿刮刀，将面坯分割。

2. 割的技法操作注意事项

（1）割裂制品的工具锋刃要快，以免破坏制品的外观。

（2）根据制品的工艺要求，确定割裂口的深度。

（3）割的动作要准确，用力要均匀。

（4）掌握割的时机。因为有些制品是在面团整形后进行，有些制品则是在完成最后醒发后进行的。

十八、切

切

切是将大面团利用工具将制品（半成品或成品）分成若干均等的小面团，然后运用其他的操作手法施以整形的第一步。分割成小面团整形的面坯同样可以用切的方式制作出各种形态各异的形状。或将各个切好的小面团依据个人的创意组合成独特的造型，可配合造型的需要灵活掌握运用。

1. 切的方法

切可分为推拉切、直刀切、斜刀切等，其中以直刀切、推拉切为主。不同性质的制品，运用不同的切法，是提高制品质量的保证。

（1）推拉切　使刀与制品处于垂直状态，在向下压的同时前后推拉，反复数次后切断的切法。切酥脆类、绵软类的制品都采用此种方法，目的是保证制品的形态完整。

（2）直刀切　是把刀垂直放在要切的制品上面，向下施力使之分离的切法。

（3）斜刀切　是将刀面与案板成45°角，用推拉的手法将制品切断的切法。这种方法是在制作特殊形状的点心时使用。

2. 切的技法操作注意事项

（1）直刀切是笔直地向下切，切时刀不前推，也不后拉，着力点在刀的中部。

（2）推拉切是在刀由上往下压的同时前推后拉，互相配合，力度应根据制品质地而定。

（3）斜刀切一定要掌握好刀的角度，用力要均匀一致。

（4）在切制成品时，应保证制品形态完整，要切得直，切得匀。

十九、模具成形

模具成形

模具成形是将生熟坯料注入、筛入或按入各种模具中，利用各种模具使西点成形的一种方法，所用的模具材质有塑料、木材、金属、纸等几种。西点中常用模具成形方法，其优点在于使用方便，规格一致，能保证成品形态质量，便于批量生产，实用、易清洗、安全和易脱模。通过模具成形技法，可使西点品种体积相等、形状一致，利于达到整齐划一的效果。模具成形的其他特点还有使繁杂的手工程序得到简化，也能使比较松散的粉料易于成形，制成成品后更不易走样，易于保存。

1. 模具的种类

模具大致可分为四类：印模、套模、盒模、内模。

（1）印模　是将成品的形态刻在木板上，然后将坯料放入印模内，使之形成图形一致的成品。印模的形状很多，印版图案非常丰富，成形时一般常与包连用，并配合按的手法。

（2）套模　是用铜皮或不锈钢皮制成有各种平面图形的套筒，成形时用套筒将面擀成平整坯皮的坯料，一套刻出来，形成规格一致、形态相同的半成品，如小花饼干等。成形时常与擀连用。

（3）盒模　是用铁皮或铜皮经压制而成的凹形模具或其他形状容器，规格、花色很多，主要有长方形、圆形、梅花形、菊花形等。成形时将成品或坯料放入模具中，熟制后便可形成规格一致、形态美观的成品。常与套模配合使用，品种有花蛋糕、方面包等。

（4）内模　是为了支撑成品、半成品外形的模具。规格、式样可随意创造，如冰激凌筒内模等。

上述几种模具应按制品要求选择。

2. 模具成形的方法

根据成形的时机的不同，模具成形大体上可分为三类：生成形、加热成形和熟成形。

（1）生成形　将半成品放入模具内，成形后取出，再熟制，如月饼就是在下剂制皮、上馅、捏圆后，压入模具内成形后磕出，烤熟或蒸熟。

（2）加热成形　将调好的原料装入模具内，经熟制后取出，如花蛋糕，就将调制好的蛋泡面糊倒入模具内，蒸熟或烤熟后从模具内取出冷却即成。

（3）熟成形　将粉料或糕面先加工成熟，再放入模具中压印成形，取出后直接食用。如绿豆糕就是将绿豆烤熟碾成粉，用白糖、芝麻油、熟面粉搅拌起黏，放入模具压印成形，直接上桌食用。

模具在使用时，一要注意卫生，使用前后都要清洗；二要防止黏模，可采取抹油、拍粉、衬油纸等方法。

二十、机械成形

机械成形

1. 机器和面

机器和面是通过和面机搅拌桨的旋转，将主、辅料搅拌均匀，并经过挤压、揉捏等作用，使粉粒互相黏结成坯。在搅拌的作用下，分布在面粉中的蛋白质吸水胀润，胀润后的蛋白质颗粒互相连接形成面筋，多次搅拌后形成大量的面筋网络，即蛋白质骨架。经过搅拌器的剪切、揉挤等作用，面粉中的糖类（淀粉和纤维素）和油脂等调辅料均匀分布在蛋白质骨架之中，形成面坯。

2. 分割面团

借助分割机将大块面团分成若干块等量小面团。

3. 面剂滚圆

通过滚圆机将经分割机处理过的小面团反复揉搓，使粉料与辅料更为调和均匀，形成柔润光滑、外观一致、密度相同、表面光洁的小圆球。其目的是使面团中经醒发后的气体消失，重新充入空气，使其成为结实并有光泽、形态完整、内部组织蛋白质均匀分布的面团。

4. 面团整形

通过整形机把经中间发酵后已松弛的面团，压成薄片并卷成设定的大小，以方便放入烤盘中。

5. 压面成形

通过压面机将面团压成面片或擀压酥层，厚度由调节器控制。

6. 面包切片

面包切片机作为吐司面包切片之用。刀距为12毫米，能迅速将吐司切成30片，刀片锋利，经久耐用。操作过程中可将切割厚薄控制在设定的范围内，使成片薄厚一致。

7. 搅打成形

主要利用大型搅拌机、鲜奶油小型搅拌机、手提式搅拌机等，搅打蛋糕坯料浆糊和奶油浆料，其作用是将蛋糕坯料或奶油经快速旋转搅打充气，改变其内部物理性状结构，形成新的性状稳定组织，并能提高产值和口感，有利于稳定蛋糕装饰造型。

思考题

1. 西点成形常用的手工操作手法有哪些？
2. 西点机械成形的操作手法有哪些？

任务3 西点装饰基本操作手法

重视装饰是西点工艺的一大特色，也是西点品种变化的主要手段。所谓装饰是指操作者以装饰原料为基础，通过精湛的技术、审美的意识及艺术的想象力，运用多种手法，实现制品美的过程。西点的装饰技术一般包括装饰设计、装饰方法、装饰用料等内容。

装饰设计：西点中的装饰设计一般包括装饰类型与方法的确定、图案与色彩的构思以及装饰原料选择。西点中的装饰类型一般有简易装饰、图案装饰和造型装饰三种，其方法依制品要求而定。装饰图案有对称与非对称、规则与非规则之分，图案要求简洁、流畅、布局合理。色彩装饰力求协调、明快、雅致，其搭配方式可以采用近似或反差的原则，以产生悦目和诱人的视觉效果。

装饰方法：西点的装饰方法很多，常用的有色泽装饰、平面或立体造型装饰、夹心装饰、表面装饰及模具装饰等方法。

装饰用料：西点中的装饰材料较多，常用的有奶油制品、巧克力制品、糖制品、干鲜果品、罐头制品以及其他装饰料。

装饰是西点制作工艺中的最终环节，通过装饰与点缀，不但增加西点的风味，也能提高产品的营养价值，更重要的是给人们带来美的享受，增进食欲。每一件西点产品都是一件艺术品，每步操作都凝聚着西点师的心血，不论是哪一种装饰都需要西点师无限的创造力和想象力，也正因为创意无限才使得西点成为艺术品。西点装饰不仅仅用于各种点心制品，也常用于大型宴会、酒会、自助餐台的装饰，以及大型活动的展台装饰，起到突出主题，烘托气氛，增强食品效果、画龙点睛的作用。西点制作从开始到成形，程序复杂，有些制品具有完整性，食用前可以不需要进一步的装饰，例如曲奇、斑马卷、千层蛋糕等。大部分制品属于半成品，在食用前都必须进行装饰和美化，体现工艺和特色，展示自身的价值，例如各种蛋糕、冷冻甜品等。

一、西点装饰的种类

西点中常用的装饰有简易装饰、图案装饰、造型装饰。

（一）简易装饰

简易装饰属于用一两种装饰材料进行的一次性装饰，操作简便、快速。如在制品表面撒糖粉，摆放果干或果仁，或在制品表面裹覆一层巧克力等。仅使用馅料装饰也属于简易装饰的范畴。

（二）图案装饰

图案装饰使用两种以上的装饰材料，并通常具有两次或两次以上的装饰工序，操作较为复杂，带有较强的技术性。

（三）造型装饰

造型装饰属于西点的高级装饰，技术性要求很高。装饰时，或将制品做成多层体、房屋、船、马车等立体造型，再作进一步装饰；或事先用糖制品、巧克力等做成平面的小模型，再摆放在初步成形的制品上。

二、西点装饰的基本要求

（一）重视食品安全与卫生

西点的制作对于行业从业者的职业素质和卫生要求相当高。大部分西点在装饰后就直接食用，因此装饰过程中必须制定严格的卫生制度，并坚决执行。操作台、设备用具、盛放器皿等严格进行清洗消毒，对环境温度要求高的制品，整个操作过程应在有冷藏设备的环境中进行，每一种原料离开冷藏环境后都要尽快使用，以免二次污染。操作人员必须穿戴工作服、工作帽、工作鞋（袜）；直接操作人员必须戴口罩，使用工具，确保制品的安全和卫生。

（二）选择合适的色彩装饰方式

食品讲究“色、香、味”，“色”排在首位，指的是食品的颜色、色泽，色彩的搭配对人们的食欲影响很大，西点也不例外。作为西点中最重要的感官指标之一，色泽是否良好直接影响到人们的食欲。理想的西点色彩是最大限度地发挥原料所固有的色彩美，西点装饰中不喜欢使用过多的色素，偏爱于使用各种颜色丰富的原料，利用原料特有的色彩和性状进行组合搭配，使制品的最后装饰效果突出，体现美感。在西点装饰过程中，许多原料自身具有各种丰富的色彩，如蛋黄的黄色，樱桃、草莓的鲜红色，糖面糊的焦黄色，糖粉的雪白色和猕猴桃的翠绿色等。这些原料通过加工、切配、组合，就能形成色调自然的点心装饰。颜色搭配对于一款西点的重要性不言而喻，可以活泼，也可以庄重。总之，只要风格统一，能够突出重点色，没有违和感即可。

（三）造型简洁明快，层次分明

西点装饰，更多讲究造型的实用性、食用性和美观性。利用简单的几何图形设计出富有动态空间感的西点，必定会为整款点心增色不少。西点从造型到装饰，每一个图案或线条，都应一目了然、简洁明快，给人以赏心悦目的感觉。例如制作一款婚礼蛋糕，首先要考虑它的结构安排，考虑每一层之间的比例关系；其次考虑色调搭配，尤其在装饰时要用西点的特殊艺术手法体现出构图，从而用蛋糕烘托出纯洁、甜蜜的新婚气氛。比赛以及展示型的西点装饰则更注重美学基本功，要求从业人员具有更高的美学素养和美学造型能力。

（四）注重器皿搭配和盘饰

西点有零售类点心、宴会点心、酒会点心、自助餐点心和茶点之分，无论哪一种用途的点心，装饰上都要给人赏心悦目的感觉。西点装饰不仅仅体现在西点本身的形态上，还体现在盛装器皿的选择搭配和盘边装饰上。玻璃碗便于观察西点的质地，精致的瓷盘和碟子可以提高西点的档次。尤其是在高档宴会或酒会上，各种精致的甜点适合与银器、玻璃、水晶等器皿搭配。器皿的选择和搭配也充分考验西点师的基本水平，西点品种与器皿搭配时应注意色彩的协调和形态、大小、数量的适应，西点的质感与器皿的匹配。

三、西点中常用的装饰技巧

西点装饰是艺术与美食完美结合的诠释，给人带来视觉的冲击和味蕾的奢侈享受。西点中的装饰材料一般具有可食性，能够在西点表面刻意插放拼摆的、起到装饰和点缀作用，是反映西点艺术和精致程度的平面或立体物件。

（一）粉类装饰

西点中常用于装饰的粉类材料有可可粉、绿茶粉、糖粉等。粉类材料能增加色彩的梦幻感和愉悦感，体现动感的美。白色糖粉属于百搭款，在颜色鲜艳的表面稍稍撒上糖粉，会缓和过于热闹的感觉。绿色的抹茶粉清新宜人。可可粉能增加质感和厚重感。几种粉类也可以结合使用，比如在可可粉上筛糖粉，沉稳厚重中多了点可爱俏皮。撒粉的方式有三种，部分撒粉：与没有撒粉的地方形成对比，增强冲击感；边缘撒粉：突出边缘，使蛋糕形状更加醒目；全面撒粉：与各种点线面结合，增加层次和梦幻感。

（二）喷涂装饰

喷涂装饰对设备和原料的要求较高，高档次的酒店使用比较多。主要是利用喷砂枪或喷枪将巧克力和可可脂按1∶1的比例混合，溶解制成膏料，加入可溶性色素调色，温度保持在40℃左右进行喷涂。喷涂前，要让蛋糕急冻，使表面温度下降。当巧克力和可可脂混合物喷涂上去之后，会迅速凝结成细小的颗粒。不停喷涂至覆盖整个面后呈现一层绒面的效果，层次感鲜明，比筛粉效果更加立体。

（三）淋面和涂面装饰

淋面分为部分覆盖和完全覆盖。甘纳许和果酱是最常用的淋面和涂面材料。淋面酱大都需要溶解，寻找其最适合的温度和状态，需要一定的技巧和经验。用勺子背蘸取淋面酱，观察覆盖状态，如看不到勺子背面，并且覆盖层不是很厚，则表示此时正是淋面的最佳状态。如果淋面酱过于流淌，勺子上只有薄薄的一层，则表示温度偏高，需要继续降温；如果过于浓稠则表示温度太低了。果酱、果泥具有不同的颜色和香味，在色泽和质感上也都有各自的特点。

（四）奶油及裱花装饰

奶油霜主要是奶油经由搅拌过程打入空气，使体积膨胀并降低密度，而呈现松发状进行涂抹、装饰等。奶油霜既能丰富西点的口感，又能借助工具如裱花嘴、抹刀等的使用，呈现出立体的视觉效果。奶油在法式甜点装饰中出现的频率已大不如前，但是由于奶油具有高度可塑性，使它依然活跃在商业蛋糕里，表现手法也不再局限于单纯的色素调色、裱花、抹面。

奶油霜的出现，一定程度上弥补了奶油的缺点。它多是基于乳酪或者黄油打发制成，软硬度适中，可塑性强，比奶油更细腻，且储存期延长，口感上也更加丰富厚重，但热量也相对较高。在展览性质的装饰蛋糕上，奶油霜的身影出现得越来越多。

（五）水果装饰

西点喜欢利用新鲜水果、水果罐头和果酱进行装饰。常用的水果包括草莓、猕猴桃、蓝莓、醋栗、黄桃、菠萝等。水果这一大类型的装饰的特点，主要在于颜色、口味和创意的搭配。水果的多种色彩和味道与西点本身的口味相匹配，再融入西点师本人的创意，将美味与视觉审美合二为一。水果装饰还有一个重要的技巧便是水果的切法，这一项非常考验西点师的技法，水果的薄厚、如何造型都需要精细地研究和揣摩。水果本身的多样性给西点装饰提供了很多可能性。多数水果还可以用雕刻、折叠、累加的方式达到不同的效果。在水果上刷镜面果胶，可以防止水果脱水、干燥、变色，又能使水果富有光泽。

（六）杏仁膏装饰

杏仁膏是以脱皮杏仁和糖粉为主要原料，经反复研磨而成的白色膏状混合物，具有杏仁味浓、可塑性强的特点。用杏仁膏装饰是西点制作经常使用的一种工艺方法，杏仁膏本身是一种营养高、口味好的可食用原料，又具有良好的柔韧性和洁白度，是装饰制品的一种良好材料。装饰用的杏仁膏必须具有一定的硬度和可塑性。杏仁膏在西点生产中有着很长的历史，起初是西点师傅自制，现在多为工业化生产，质量稳定可靠，已经成为西点中必不可少的原料之一，杏仁膏由于价格比较高，多用于高档西点的装饰制作上。

（七）翻糖装饰

翻糖常用于蛋糕和西点的表面装饰。因为它比奶油装饰的蛋糕保存时间长，而且漂亮、立体，容易成形，在造型上发挥空间比较大，能给人更强的视觉效果。但翻糖的口感和食用性比较差，其观赏价值大于食用价值。

（八）糖艺装饰

糖制品装饰多用脆糖进行。脆糖是将白砂糖、葡萄糖和柠檬酸上火熬至特定温度而成的一种装饰原料。在熬糖过程中，能加入各种颜色的色素，使脆糖呈现出所需的色彩。所以，用脆糖制作出的装饰品，不仅晶莹透彻、色彩斑斓，而且用脆糖制成的花朵、叶子形象逼真、立体感强。以往的脆糖都需要自己调制，现在很多餐厅和企业多购买成品直接使用。

糖丝是熬糖时，砂糖焦化（或变色）之前，用钢丝甩制的制品，在新老西点制作中经常用到，不仅能当装饰品使用，而且能够食用。

（九）巧克力装饰

巧克力一直是西点装饰中最常用的品种，可以根据温度调控、时软时硬、变化多端的特殊质感令它成为西点师手中想象力的工具，创造出千变万化、造型各异的巧克力装饰品。巧克力装饰也是技术工艺性较强的制作品种之一。

目前各式各样的巧克力插件成为崛起在蛋糕表面的新贵，巧克力插件不仅具有装饰效果，而且使用方便快捷，在工作中提前制作装饰插件，在出品时随取随用，既省时又省力，提高了工作效率，使产品在短时间内提高档次。

四、西点装饰操作技法

粘、撒、淋面、挤注裱花是西点装饰工艺中最基本、最常用的装饰方法。在西点的装饰工艺中，有时往往是两种或两种以上的装饰方法交互使用，以达到完美的装饰效果，因此掌握好基本的装饰方法，就显得更加重要了。

（一）粘

粘是把另一种或几种半成品原料粘在成品或成形体上，起衬托造型和增加风味的作用。例如在小甜点外层粘巧克力等。粘分全粘和部分粘两种。全粘就是将制品全部粘上另外一种原料。部分粘就是仅将制品的一部分粘上另外一种原料。

粘法现在也普遍用于粘芝麻、椰丝等的操作，如椰丝团等常用此方法。

1. 粘的方法

粘的方法多样，可依实际情况加以运用。在制品体积小时，还可借助手工工具来操作。一般来讲，粘的技法所用的原料大部分为液体或半固体，如巧克力、果酱、糖霜等。有时也会用到固体颗粒或粉末类原料，如各种果仁碎、糖粉、可可粉等。

制品粘半固体类原料时，一般比较简单，只要把握好制品所粘原料的多少以及制品所粘的部位，即可达到满意的效果。而制品粘液体原料时操作要复杂些，因为各种液体类原料与所装饰的制品性质、浓度不一定相同，所以在粘制成品时，首先要考虑两者之间的性质及黏合程度，以求达到成品完美的效果和质量要求。如果制品体积过小，不便于直接用手操作时，还要借助于工具来完成粘的操作，如在粘巧克力球、餐后小甜点时，就要使用专门粘各类小甜点的工具叉辅助进行操作。

2. 粘的要求

粘是一项技术要求较高的操作方法，尤其是粘巧克力制品时，所要求的技术工艺更高。对巧克力类制品来讲，粘后成品要求形态完整、光滑，所粘位置要完整有光泽，除特别品种外，不能有多余的巧克力流下，巧克力不能变色和软化。对于粘其他原料的制品而言，要求粘后成品形态完整，所粘的原料应能衬托成品的形态及造型，增加成品的风味和色彩。

（二）撒

撒是将另外一种辅料撒在制品上面或撒在制品周围的操作过程，所撒的辅助原料起装饰和增加成品口味的作用。撒也是西点装饰工艺中经常使用的一种方法。在西点制作及装饰时，经常用于撒的主要装饰原料有巧克力碎、糖粉、可可粉、果仁碎、鲜水果丁及各式甜汁等。

1. 撒的方法

撒的方法灵活多变，一般要依据所撒原料的性质、特点以及所撒制品的部位等实际情况，来加以灵活掌握。撒粉质原料时，为了达到均匀平滑的目的，一般都要借助撒的原料的均匀度，又可增加成品的美观程度。撒放固体颗粒或碎片时，直接用手操作便能达到工艺要求和质量要求。撒放甜汁类原料时，一般要使用小匙或其他类似的工具，以达到均匀美观的效果。

2. 撒的要求

制品上所撒的辅料必须能够提高成品风味及特色，也能够起到美化制品的作用。在实际操作中，撒的数量和范围对成品的影响很大，撒的装饰材料过多或过少都会影响成品的整体造型。如撒的范围不当，不仅影响制品的整体色彩，还影响其他辅助原料的布局和造型。所以，在实际操作中，撒放任何辅助原料都要考虑到制品的整体布局、造型的效果。要以增加成品风格，突出成品的自然造型和色彩为原则，灵活运用撒的方法，以达到画龙点睛的目的。

（三）淋面

淋面是将事先做好的酱汁，均匀淋在制成半成品的蛋糕和小西饼上的操作。所淋的酱汁能够起到装饰和增加制品口味的作用。淋面也是西点装饰工艺中经常使用的一种方法。

1. 淋面的方法

淋面是将较硬的材料，经过适当温度融化成稠状液体后，直接淋在蛋糕的外表上，冷却后表面凝固、平坦、光滑，具有不黏手的效果，如脆皮巧克力蛋糕淋面的方法比较单一，但考验基本功。操作时要求控制淋面酱的流动性和淋面的速度，将淋面酱从上部直接淋下，可自动覆盖蛋糕。小细节或没有覆盖到的地方可用抹刀或小工具及时处理一下。也可将融化的巧克力或糖霜类装饰料倾倒在制品上，然后迅速将其抹开或抹平。

2. 淋面的要求

最好一次淋好，不要补淋，补淋后制品表面会有痕迹，影响美观。全部淋好后放入冰箱冷藏即可。淋面要求操作手法娴熟、流畅、自然，淋面均匀，薄厚一致。

（四）挤注裱花

裱花就是将用料装入裱花袋（或裱花纸）中，再用手挤压，使装饰用料从花嘴中被挤出，形成各种各样的艺术图案和造型。裱花常用于装饰蛋糕表面和制作边缘花及各种造型，尤其是制作大型多层蛋糕或装饰蛋糕时使用此方法更多。裱花无论在工艺上，还是在操作手法上，都和挤有着明显的不同。

挤注裱花

1. 裱花的方法

裱花是一项精细的工艺技巧，必须以坚实的基本功底为基础。

裱花的方法与裱花用料、手的力度、花嘴的运动速度、花嘴的大小及式样都有着紧密的关系。

在裱制过程中，无论使用任何一种原料，手的力度都将直接影响到用料从花嘴中被挤出的形状、大小。用力越大，被挤出的料越多且越粗；用力越小，被挤出的料越细且越少。利用这一规律，就可在操作时勾画出粗细不一、错落有致的线条和图案，还可裱出各式字母、文字及造型。如果再适当地调换花嘴，就可制作出极具艺术力的大型裱花蛋糕成品。

花嘴的运动速度也关系到裱花时的艺术效果。花嘴的运动速度快，则用料从花嘴中被挤出得少而细，制品呈现柔细流畅的线条。反之，花嘴的运动速度慢，则用料从花嘴中被挤出得多而粗，制品呈现出粗重凝厚的风格特点。如果再配以不同花嘴及手用力的大小变化，即可裱制出千变万化的各式图案及造型。

2. 裱花的要求

裱蛋糕制品或装饰类制品时，所用的原料不同，裱花的效果也各不相同。根据用料的不同，对裱花的要求也各不相同。在使用黄油酱裱花时，要求裱花的线条及图案要清新细腻，色彩要淡雅，造型要力求精细逼真，无论是线条、图案还是花朵，都要力求活泼自然。除此之外，还要充分利用黄油酱细腻光滑这一特点，使成品的整体效果力求精美优雅。在使用糖粉酱裱花时，由于糖粉酱原料洁白细腻，韧性极好，因而可裱出造型极为复杂的制品，因此在操作时要力求精细。

在使用巧克力裱花时，要掌握好巧克力融化时的温度，以及使用时的温度，因为只有在适当的融化温度及使用温度内，才能最大限度地利用巧克力的软硬度及柔韧性，使成品及造型立体感强，有光亮，不易破损。在使用奶油裱花时，要尽量缩短操作时间，并在温度较低的环境下进行，以减少温度对奶油的影响。另外，在调制奶油时，也要尽力使奶油打发到细腻、软硬度适合的程度，以利于裱花时的使用和操作。

思考题

1. 西点装饰的基本要求是什么？你觉得其中最重要的要求是什么？
2. 西点常用的装饰手法有哪些？
3. 西点色彩可通过哪些方式形成？
4. 西点造型需要考虑哪些因素？
5. 以蛋糕为例，阐述西点制作中成形与装饰的运用。

任务4　西点的熟制方法

西点的熟制方法是利用加热方法使制品生坯成熟的一道工序。不同的西点品种通常熟制方法也不一样，而且有些面点是先成熟后成形，在日常生活中，大多数面点都是先成形后成熟的。这些制品的形态、特点基本上都在熟制前一次或多次定型，熟制中除部分品种在体积上略有增大、色泽上有所改变外，基本上没有什么“形”的变化。

西点的熟制方法很多，主要可以分为蒸、煮、炸、煎、烙和烤六种。凡是采用其中一种方法使制品成熟的就称之为单加热法；凡是采用两种或两种以上方法使制品成熟的，就称为复加热法。

具体采用单加热法或者复加热法要根据实际品种而定。

一、烘烤

烘烤又称烤，是指把制作成形的生坯放入烤炉内，通过加热过程中的辐射、对流、传导三方面的作用，使半成品定型、上色、成熟。

烤制品的特点是：色泽金黄、外部酥香、内部松软、富有弹性。它适应于膨松面团、油酥面团制品等，在西点制作中是一种常用的熟制方法。

烤炉的火候一般分为旺火、中上火、中火、中小火和小火几种。由于各种烤炉的形式、大小、结构不同，以及同一烤炉内各个部位火力大小程度不同，烤炉炉温比较难以控制。烤时可适当转换面点的位置，使各盘面点受热均衡。在烤制面点之前首先要了解面点的用料、制法和质量要求，才能根据实际使用不同的火候。

当面点生坯放入烤炉后，面点制品表面和底面受高温作用，温度升高，面点中的水分不断蒸发，而表面的淀粉吸收水分膨胀糊化，形成表皮，由于面点内部的水分向外转移较慢，而形成蒸发层。随着烘烤的继续进行，面点内部温度逐渐升高，蒸发层逐渐向里推进，蛋白质也逐渐变形凝固，使生坯初步定型。

由于层酥面点在加热过程中层次张开，使面点内部的水分沿酥层而向外迅速蒸发，热量传递至中心较快，故层酥面点的水分会挥发较多，而形成酥、松、脆的质感。而用发酵面团制作的点心，由于坯体内面筋的作用，能保持一定的水分，也有效地包裹着坯内的气体，形成气室，所以制品内松软且富有弹性，而表皮则形成脆韧的质感。

烘烤类面点香气的形成是因为油脂遇热流散，面点中的气体受热便向油脂流散的界面聚集，当温度达到油脂的挥发点后，油脂中的挥发性和低沸点的物质溢出，使烘烤面点香气四溢。

烤的要领如下。

1. 生坯摆放的行距

生坯的摆放应有一定的间隔距离，要留出制品加热胀后所需要的空间，以免互相粘连，防止摆放过密或过疏而影响制品底面的着色。如摆放过疏，热量过于集中生坯上，会使制品底部焦煳；摆放过密，又会令生坯受热减少、着色不匀和成熟时间加长。

2. 烤盘底抹油

对含油量少或含糖量多的制品来说，烤盘一定要抹上一层薄油，以免粘底，影响制品的起发和成形。但抹油量不可过多，否则会使制品的底色过深。

3. 生坯入炉前涂蛋液着色

多数的酥饼类面点，在入烤炉加温前，均需涂上一层蛋液，使制品更容易着色。但蛋液不可涂得过厚，否则会使制品的底色过深。

4. 调节炉温，正确烘烤

面点的烘烤基本上都采用“先高后低”的方法，即刚入炉时，炉温要高些，待制品表面微上色和略定型后，便降低炉温，使热量慢慢渗入制品内部，达到内外一致成熟的目的。在烘制时，更要掌握不同品种的温度需要，在烤制面点时，绝大部分面点表面受热温度在150～200℃为宜，即炉温应该保持在180～250℃，过高过低都会影响制品质量。炉温过高，制品表面容易焦煳；炉温过低，既不能形成金黄色的表面光泽，也不能促使制品内部成熟，此时如增加烤制时间，则制品水分蒸发过多，就会出现干裂，失去内部松软的特色。

5. 掌握烘烤时间

烘烤的时间要根据坯体的大小、厚薄及要求灵活掌握。一般来说，薄而小的制品，烘烤时间短；厚而大的制品，烘烤时间稍长。酥松、酥脆的制品需将水分挥发，烘烤时间应长些；柔软的制品，烘烤时间应短些。总之，要视制品的要求而定。

二、煎

煎是指投入少量的油在锅中，利用金属传导、热油为媒介进行加热，使生坯成熟的方法。所以，煎制法的运用，要掌握火力和时间及根据具体品种要求而操作。

煎的要领如下。

1. 火力合适

生坯受热均匀，煎制时，为使生坯受热均匀，要经常移动锅位，或移动生坯位置，防止着色不匀或发黑，还要掌握好翻坯的时机，必须在贴锅底皮金黄色时翻坯，过早和过迟均会影响制品的质量。

2. 排放生坯入锅要合理

一般情况下，煎锅受热的焦点是锅的中部，因此，锅烧热后煎锅中部的油温必然比四周的锅边高，因此，排放生坯入锅较好的方法是从四周向中心排列，从低温到高温，使生坯因时间上的差异而达到受热均匀。否则，中间先放生坯则会出现煎制后的制品过早煎焦了，而四周的生坯尚未上色的现象，影响成品质量。

3. 煎制时油量要适宜

煎制时锅底抹油不宜过多，以薄薄的一层为宜。个别品种属于半煎半炸的方法，用油量也不宜超过生坯厚度的一半，否则制品水分挥发过多，失去煎制品的特色。

4. 水油煎一般需要加盖，并掌握加水量

采用水油煎法时，加水量及次数要根据制品成熟的难易程度而定。由于煎制过程中多次加水，通过加盖锅盖使水蒸发为水蒸气，保证蒸汽的效率能充分发挥，将制品焖熟，并且每加一次水都要盖上锅盖，确保成品成熟，防止出现夹生现象。煎分为油煎和水油煎两种，煎饼等是利用水油煎法成熟的。水油煎是将锅内放入少量油脂，烧热以后将制品放入，待煎至底面焦黄后再加入少量水，盖上锅盖，将这部分水烧开变为蒸汽，然后，以蒸汽传热的形式使制品成熟。馅饼、煎吐司等则是利用油煎法直接成熟的。这样单一煎法的油量适当要多些，但不能超过摆放制品厚度的一半。这种煎法不盖锅盖，不能煎制一面，要使两面都受热，煎制时间要长于炸。锅底的火力对煎影响很大，为了均匀受热，必须转动锅的位置，防止局部焦煳。

煎制时采用平锅，一般在锅底刷上一层油脂，温度在200℃左右，可正反两面煎，让制品两面都均匀受热，产生金黄色。另外，在煎制过程中，待煎至底面焦黄后再加入少量水，盖上锅盖，边煎边蒸成熟即可。

三、炸

炸是将制作成形的生坯，放入一定温度的油脂中，利用油脂传热使面点至熟的成熟方法。

炸制食品不仅严格要求火候，还要根据点心的不同材料、制作方法、质量要求而灵活使用油炸温度。面点的体积大小、起发与否、皮厚皮薄，与油温的高低有直接的关系，如果油温过高，会使成品表面炸焦，而内部不熟，如果油温过低，成品含油量大，容易散碎，而且色泽暗淡。所以掌握油温是决定面点质量的关键。

炸的要领如下。

1. 注意油脂清洁

炸制品所用的油脂必须清洁，若油脂不洁，会严重影响制品的质量和色泽，会影响热导或污染制品，使制品不易成熟和色泽变差。如使用植物油要先烧熟，才能用于炸制，否则会带有生油味，影响制品风味质量，还会产生大量的泡沫，使热油溢出锅外，发生火灾或造成人身安全事故。在冬季，要避免使用动物油脂，以免制品冷却后光泽变差。反复使用的油脂，颜色加深，黏度增大，会影响成品的色泽和质理，要视其清洁程度及时更换新油。

在炸制制品时一般选用花生油。花生油透明晶亮、色淡黄，不生烟（少量的烟）、不起沫，可使制品着色均匀。此外还可通过调节油温来改变制品的着色程度，并使之具有花生的芳香气味。

2. 掌握火力，正确掌握油温

不同的制品需要不同的油温，有的需要温度较高的热油，有的需要温度较低的温热油，有的需要先高后低或先低后高的油温，情况极为复杂。油温的高低直接影响制品的质量，如油温过高，炸制的成品就会炸焦炸煳，或外焦里不熟，色泽易黑，并且会产生如二聚甘油酯、三聚甘油酯和烃等对人体危害较大的毒性物质，危害人体的健康。因此，要根据制品所要求的口感、色泽及制品的体积大小、厚薄程度等灵活掌握油温。一般情况下，需要颜色浅的或个体较大的品种，油温要低些，炸制时间要略长；需要颜色较深或制品体积小而薄的，油温可稍高，而炸制时间相应地应该缩短。

3. 控制炸制时间

为了保证炸制成品的质理，在炸制工艺中，必须根据面点的大小、厚薄、质量要求来控制炸制时间。时间过长，则制品颜色过深，易焦黑，并且水分挥发过多，制品会质硬而实；时间过短，制品不起酥或未熟，色泽暗且光泽度差。所以对不同的品种，要有不同的处理方法。灵活运用炸制时间，力求炸出色、香、味、形均佳的成品。

4. 掌握好炸制时油和生坯的比例

一般情况下用5∶1的比例为宜。但也应根据制品的起发强弱和成熟时间而定，起发力大的品种，数量可适当减少；成熟时间短而又外形变化不大的品种可略微增大生坯的投入量。

5. 起蜂巢状的制品成形前应试炸制

在炸制的面点中，较难掌握油温的是一些要求起蜂巢的品种，如荔秋芋角、莲子茸角、蛋黄角等。由于其原料的质理，油脂的多少和油温的高低会直接影响其形态的形成。所以在炸制这类品种前均应在包馅成形前进行试炸，掌握油脂的使用量后才可用于大量生产。

在油炸炉或锅中加入适量油，烧热至预先设定的温度，放入生坯，浸入油中加热，根据具体品种的不同，控制油炸温度和炸制时间。炸制时用的油量较多，油温较高，制品一般都具有清香、酥脆、色泽美观等特点。

四、煮

煮是把已成形的面点半成品投入沸水锅中，利用水温的对流传递热量，使生坯至熟的成熟方法。水沸后，将生坯投入沸水锅中，虽水温有所下降，但仍保持较高的温度。此时生坯中留存的空气便受热膨胀，制品体积逐渐膨大，相对密度降低，而浮上水面。此时坯皮中的淀粉不断吸水糊化，蛋白质变性而凝固，继续受热，通过水温的扩散与渗透，坯皮内部的淀粉也糊化成熟，随着热量的进一步向内渗透，馅心也逐渐成熟了。

煮的要领如下。

1. 煮锅内水量要多，汤要清

在煮制过程中，煮锅的水量应比制品量多出10倍以上，使生坯在动态中受热均匀，不会粘连，才能保持成品形态完美。在加热过程中注意汤水的情况，要经常换水，保持汤汁不浑浊。

2. 水沸后生坯下锅

煮制时一般事先将水烧沸，然后才能把生坯下锅。因为坯皮中的淀粉、蛋白质在水温60℃以上才吸水膨胀和发生热变性，并在较短的时间内受热成熟，所以，沸水下锅才可使脱落沉淀的淀粉减少，保持水质清而不浑，可使生坯成熟后皮质软滑而不黏牙。不会使点心出现破裂和黏糊。

3. 保持水锅“沸而不腾”

煮制时应适当控制火候，视水面的情况及时加热水或加冷水，保证生坯在沸水锅中均匀受热，逐渐成熟，加热过程中，火力不宜过大，因为水滚得过厉害，会使生坯互相冲撞而破裂甚至坯皮脱落，影响制品形态和质量。所以，当煮制时遇到水过沸，则要适当加入冷水调节水温，保持沸而不腾，将制品煮制成熟，才能达到制成品皮滑、馅爽、有汁的效果。

4. 制品下锅数量要适当

同一锅中煮制制品的数量要适当，数量过多（水量不足）易造成制品粘锅、粘连、糊化、破裂等现象。煮制时应该边下制品边用勺推动，以防制品粘连在一起、受热不均等现象的产生。

5. 掌握煮制时间和火力

在煮制过程中，要根据制品的特点掌握好煮制时间和火力。适时点几次水，使锅中的水“沸而不腾”，这样能防止爆裂开口，而且可使制品内外皆熟，保证制品的质量。

6. 适当搅动，防止粘底

煮制时适当搅动，可防止生坯受热糊化时粘底变焦。并随着生坯的滚动，使制品受热均匀。

7. 掌握煮制时间，熟后及时起锅

面点品种不同，煮制的时间也不同，生坯生馅或生坯皮厚的面点煮制时间应长一点，保证制品的成熟度；而皮薄或熟馅的品种则应控制煮的时间，防止过熟而使面皮破裂脱落。力求根据不同的品种正确掌握煮制的时间。

煮制时将面点成形生坯，直接投入沸水锅中，利用沸水的热对流作用将热量传给生坯，使生坯成熟。煮的适用范围较广，一般适用于冷水面团制品等，其特点是清润、滑爽、有汤汁、有咬劲。

五、蒸

蒸是指常压或高压的情况下，将已成形的面点半成品放在蒸屉内用蒸汽的热传导和压力使生坯成熟的方法。蒸的成熟方法是利用热传导的方式将生坯制熟的，而热量的传递过程，是由表面逐渐向内里渗透，使面点里外全面受热成熟的过程，其速度较慢。

蒸的要领如下。

1. 蒸锅内的水量要保持七至八成满为佳

蒸汽是由蒸锅中的水产生的，一方面靠火力的加热作用，另一方面也需要用充足的水量才能形成足够的蒸汽，所以水量的多少直接影响蒸汽的大小。水量多，则蒸汽足；水量少，则蒸汽弱。因此，蒸锅中水量要充足。但是也要注意，水量过大时，水沸腾向上翻滚，容易浸湿制品，直接影响制品质量；过少时，蒸汽产生不足，则会使生坯死板不膨松，影响成熟效果。

2. 锅内的水质要清

水分受热沸腾形成蒸汽后向上蒸发，传热给生坯，使制品成熟，但如果水质浑浊或水面浮满油污，则会影响水蒸气的形成和向上的气压，所以，要注意水质，并及时清除浮在水面的乳汁和油污等物质。

3. 必须水开汽足，盖严笼盖（或关严蒸柜门）

无论蒸制什么制品，都要求火旺汽足以后再上笼（或上柜）。特别是蒸制膨松面团的品种，更应在水蒸气大量涌起时，才能将生坯上笼加热。如果水未沸便上笼，那么到水烧沸，产生大量蒸汽还有一段时间，此时由于笼内温度不够高，而令生坯表面的蛋白质逐渐变性凝固，淀粉质受热糊化定型，抑制了坯内空气膨胀的力度，影响了制品的起发。如果是对碱酵面还会出现跑碱的现象，产生酸味，所以，在蒸制过程中要始终保持旺火，锅中水量要足，笼盖要盖严（蒸柜门关严），必须水沸上笼，盖严笼盖，才能够提高笼内温度，增大笼内气压，加快成熟速度，否则会出现制品不易胀发膨松，或产生黏牙、瘫瘪、塌陷、僵皮等现象。

4. 掌握火力和成熟时间

由于面点有不同的花式品种，不同的体积大小，不同的成品质理，不同的口感风味，要求我们采用不同的火力的成熟时间进行加热，一般来说，蒸制面点都要求旺火足汽蒸制，中途不能断汽或减少汽量，更不可揭盖，以保证笼内温度、湿度和气压的稳定。成熟时间应根据品种的不同要求而定，块大体厚组织严密的品种适宜加热时间长些；起发、膨松的和体积较小的品种，宜旺火短时间加热。因此，根据点心品种、质量要求等的不同掌握好蒸制时间。

5. 生化膨松面团制品要掌握好蒸制前的醒发时间和生坯摆放距离

生化膨松面团制品成形后，一般必须静置一段时间进行醒发，使坯体内的微生物继续生长繁殖产生二氧化碳气体，使生坯在加热前有一定的气体含量，使制品生坯继续膨胀，这样蒸制后的成品才体积增大，以达到蒸后松软的目的。但要掌握好醒发的温度、湿度和时间，以免影响质量。醒发时一般温度控制在30℃左右，时间在10～30分钟（要根据不同品种，适当掌握）。醒发好的制品生坯按一定间隔距离，整齐地摆入蒸屉，其间距应使生坯在蒸制过程中有膨胀的余地。间距过密，会使制品相互粘连，影响制品形态。

在蒸锅或蒸柜产生饱和蒸汽时，将上笼的制品，放入蒸制成熟即可。经过蒸制的点心吃口松软、味道纯正，并能够保持制品的营养成分不被破坏，是一种使用较为广泛的熟制方法。蒸制的点心很多，最典型的品种有各种布丁等。

思考题

1. 西点的熟制方法有哪些？各有什么应用？
2. 简述西点制作中烘烤的要领和方法。
3. 简述西点制作中煎的要领和方法。
4. 简述西点制作中炸的要领和方法。
5. 简述西点制作中煮的要领和方法。
6. 简述西点制作中蒸的要领和方法。

模块三

西点制作工艺与制作实例

【模块导读】

本模块主要围绕西点中面包、蛋糕、点心三大类，系统地介绍了主食面包，花色面包，调理面包，酥油面包，乳沫类蛋糕，戚风类蛋糕，面糊类蛋糕，传统及特色蛋糕，起酥点心类，派、挞类，曲奇饼干类，泡芙类，冷冻甜点和巧克力类西点的制作工艺、配方、技术要点、操作技法等，内容丰富、实践性强。

项目一
面包制作工艺与制作实例

【项目描述】

面包是由酵母的生物发酵作用经烘烤制作的一类面点制品，是西式面点中很重要的一类产品。面包的用途极广，广泛地应用于早、午、晚三餐及各种宴会、酒会、自助餐。随着更新更好的原材料和生产工艺的应用，不断涌现出丰富繁杂的面包品种和类型。

【学习目标】

1. 通过学习，能了解面包常见的分类方法和制作方法。
2. 通过学习，能说出面包生产主辅原料的特性、功能及使用方法。
3. 通过学习，能归纳面包生产工艺各环节的技术要领。

一、面包的概念

面包也写作麵包，是一种用五谷（一般是麦类）磨粉经过发酵制作并加热而制成的烘焙食品。以小麦粉为主要原料，以酵母、鸡蛋、油脂、乳品、糖、盐、果料、食品添加剂等为辅料，加水调制成面团，经过搅拌、发酵、分割、成形、醒发、焙烤、冷却等过程加工而成的焙烤食品。

二、面包的分类

面包的品种繁多，目前世界上市场销售的面包种类有300多种。面包通常有如下分类方法。

1. 按照颜色分类

（1）白面包　制作白面包的面粉磨自麦类颗粒的核心部分，由于面粉颜色白故此面包颜色也是白的。

（2）褐色面包　制作该面包的面粉中除麦类颗粒的核心部分，还包括胚乳和10%的麸皮。

（3）全麦面包　制作该面包的面粉包括麦类颗粒的所有部分，因此这种面包也叫全谷面包，面包颜色比前述褐色面包深。主要食用地区是北美。

（4）黑麦面包　面粉来自黑麦，内含高纤维素，面包颜色比全麦面包还深。主要食用地区和国家有：北欧、德国、俄罗斯、波罗的海沿岸、芬兰。

2. 按照面包的柔软度分类

（1）软质面包　软质面包的特性是组织松软带柔且体轻而膨大，质感细腻而富有弹性。

（2）硬质面包　硬质面包内部组织接近结实的面包。

（3）脆皮面包　脆皮面包因不受糖、油、鸡蛋等材料特性的影响，所以烘焙后的面包表皮坚硬，内部组织松软富有弹性，故形成脆皮。

（4）松质面包　松质面包的主要特色为层次分明的内部结构，表皮香酥、质地松软，具有整体性的松化层次感。

这四类不同质地的面包是根据不同原料配比、不同制作程序经过配料、面团调制、发酵、成形、烘烤、冷却、装饰等工艺方法制作而成的。

3. 按照各国面包配方特点分类

（1）美式面包　美式面包主要富含砂糖、油脂和鸡蛋等辅助原料，具有高糖、高热量、高蛋白、质地柔软等特点。

（2）欧式面包　欧式面包大量采用谷物、果仁和籽作为面团材料。谷物含有丰富的纤维素和矿物质，有助提高新陈代谢，而果仁和籽则有丰富的不饱和脂肪，有益身体健康。欧式面包源自于欧洲古老的世纪，是欧洲人的主食，一般更注重天然、低糖、营养、健康。欧式面包的吃法很多，可用以开胃，也可当作甜点。对多数人来说，面包是一日三餐的主食。三明治、吐司、面包屑都源于面包，有时做汤也用到它，如法国洋葱汤、大蒜汤等。还可用面包制成水果奶油布丁、面包丁及法国吐司。非新鲜出炉的面包可制成面包干、面包屑，还可制成馅料和面包汤。

（3）日本面包　日本面包的品种和花色虽然较多，但配料基本在一定的范围内变化。需要指出的是主食面包和学生营养餐面包的糖、油脂和鸡蛋等的添加量都受到严格的控制。如果主食面包含糖量超过10%，就归入花色面包类。例如：豆沙面包是主要的日本传统花色面包，豆沙与小麦粉的比例在40%～50%。普通花色面包与高级花色面包的主要区别在于糖、鸡蛋、盐和酵母的添加量不同。高级花色面包添加的糖、酵母和鸡蛋较多，但盐含量较低。

4. 按照烘焙方法分类

（1）装模烘焙的面包。

（2）在烤盘上烘焙的面包。

（3）直接在烤炉上烘烤的面包。

5. 按照消费习惯分类

（1）主食面包　主食面包，顾名思义，即当作主食来消费的，配方中辅料较少，进餐时食用的面包。

（2）点心面包　点心面包主要指配方中油脂、砂糖、鸡蛋、乳品含量较高，代替点心食用的面包。

6. 按照面包风味分类

（1）主食面包　主食面包的配方特征是油和糖的比例较其他的产品低一些。根据国际上主食面包的惯例，以面粉量作基数计算，糖用量一般不超过10%，油脂低于6%。主食面包通常是与其他副食品一起食用，所以本身不必要添加过多的辅料。主食面包主要包括平顶或弧顶枕形面包、大圆形面包、法式面包。

（2）花色面包　花色面包的品种甚多，包括夹馅面包、表面喷涂面包、油炸面包圈及因形状而异的品种等几个大类。它的配方优于主食面包，其辅料配比属于中等水平。以面粉量作基数计算，糖用量12%～15%，油脂用量7%～10%，还有鸡蛋、牛乳等其他辅料。与主食面包相比，其结构更为松软，体积大，风味优良，除面包本身的滋味外，尚有其他原料的风味。

（3）调理面包　属于二次加工的面包，由烤熟后的面包再一次加工制成，主要品种有三明治、汉堡包、热狗三种。实际上这是从主食面包派生出来的产品。

（4）酥油面包　这是近年来开发的一种新产品，由于配方中使用较多的油脂，又在面团中包入大量的固体脂肪，所以属于面包中档次较高的产品。该产品既保持面包特色，又近于馅饼（Pie）及千层酥（Puff）等西点类食品。有明显层次及膨胀感，入口酥脆，含油量高。其特性为面团中裹入很多有规则层次油脂，加热汽化形成一层层又松又软的酥皮，外观呈金黄色，内部组织为一层层松酥层次。产品问世以后，由于酥软爽口，风味奇特，更加上香气浓郁，备受消费者的欢迎，近年来获得较大幅度的增长。

三、面包的特点

面包在世界人民的生活中，占有重要地位，它既可以当主食，也可以作为点心，广泛受到人们的欢迎。面包具有如下几个特点。

1. 具有一定的营养价值

面包是一种营养丰富、松软可口、易于消化，又便于携带的食品。面包是以小麦面粉为主要原料，以白糖、鸡蛋、饴糖、乳品、油脂为辅料，经液体酵母二次发酵，再经成形、醒发、烘烤而制成。一般面包所用的主料和辅料均有很高的营养价值。加上面包中含有大量酵母，当面包烘烤完成后，酵母体也就成为面包中的营养素，含有大量易被消化的蛋白质和丰富的B族维生素。每克酵母中含有维生素B_1 80～150微克，维生素B_2 50～65微克。

2. 易于消化吸收

面包的消化吸收率也较高，其中糖的消化吸收率为97%，脂肪为93%，蛋白质为85%。面包的消化吸收率高，主要有以下几方面的原因：第一，面包的结构疏松，内部有大量的蜂窝，显著地增加它的面积，扩大了消化器官中各种酶与面包的接触面，从而促进消化吸收过程。第二，面包经两次发酵过程后，淀粉等物质在酶的作用下，分解成结构更简单、更易于消化的物质。第三，面包色、香、味俱全，可以引起人们的食欲，令口腔分泌大量唾液，提高对面包的消化和吸收率。

3. 便于储存

面包是经过烘焙的食品，其含水量仅为35%～42%，加上经过高温烘烤，杀菌比较彻底，因此容易保管储存，具有较长的货架期。

4. 食用方便

面包的食用方法多种多样，可以用作主食和点心，还可以与其他菜肴、小吃、饮品等搭配食用；冷食和热食均可。

四、面包制作流程

（一）面包面团的调制

面包面团的调制过程是面包制作工艺的第一步，也是比较关键的步骤，它的优势对面包的发酵、成形、烘烤起着至关重要的作用。通过搅拌可以充分混合所有原料，使面粉等干性原料得到完全的水化，加速面筋的形成。

1. 调制过程

面团搅拌过程及其工艺特性：面团搅拌过程的完成主要经历了四个阶段。

第一阶段：配方中的干性原料与湿性原料混合，成为粗糙且黏湿的面块，用手触摸时面团较硬、无弹性，也无延伸性，整个面团显得粗糙、易散落、表面不整齐。

第二阶段：面团中的面筋开始形成，用手触摸面团时仍会黏手，表面很湿，用手拉伸面团时无良好的延伸性，容易断裂。

第三阶段：面团表面渐趋干燥，而且较为光滑有光泽，用手触摸时面团已具有弹性并较柔软，但延伸性较弱，拉伸面团时其仍会断裂。

第四阶段：面筋得到充分扩展，具有良好的延伸性。这时面团的表面干燥而有光泽，面团内部细腻、整洁、无粗糙感，用手拉伸面团时具有良好的弹性和延伸性，面团柔软。

2. 注意事项

（1）制作面包的面粉宜用高筋面粉，使用前要过筛　其目的一是去除杂质；二是使面粉形成松散细腻的微粒；三是通过面粉过筛带入一定量的空气，有利于面团中酵母菌的生长繁殖，促进面团发酵。

（2）正确控制加水量及水温　水的温度对酵母的繁殖起主要的作用，水温的控制要根据面包制作环境及气候的变化而变化。

（3）合理掌握搅拌时间及搅拌速度　面团搅拌不足，面筋没有充分扩展，面筋的网络就不会充分形成，从而降低了面团在发酵时保存气体的能力，使制成的面包体积小。如果搅拌过度，也会破坏面筋蛋白质的网状结构，面团发黏，这种面团除保持气体能力差外，还会导致面包体积小，内部气孔大而多，质量差。

（二）面包面团的成形

面包的成形就是将发酵完成的面团做成各式各样的外形，使得烘烤成熟后的面包具有各式不同的外形和花样。一般面包的成形包括分割、滚圆、静置、成形、装盘、最后醒发等步骤与技巧。

1. 工艺方法

（1）分割　分割是把发酵面团分切成所需重量的小面团。分割的重量一般是成品质量加上烘烤损耗质量（烘烤损耗质量一般是面坯质量的10%）。分割方法一般有手工分割和机器分割两种。

（2）滚圆　又称搓圆，即把分割好的一定质量的面团通过手工或滚圆机揉搓成圆形的工艺过程。通过滚圆才能将面团滚紧，重新形成一层薄薄的表皮，包住面团内继续产生的二氧化碳气体，使面团内部结构均匀而富有光泽，有利于下一步成形。

现如今许多面团分割机本身具备滚圆功能，能够分割、滚圆一次成形，这就大大提高了工作效率。

（3）静置　也称中间醒置。面团经搓圆后，一部分气体被排除，面团的弹性变弱。因此，为了使面团重新产生气体，恢复其柔软程度，面团必须进行中间醒置。

中间醒置的时间根据面团的性质及整形要求灵活确定。但一般在15～20分钟。其环境温度以25～30℃，相对湿度70%～75%为宜。

（4）成形　面团经过中间醒置后，体积慢慢膨大，质地逐渐柔软，这时即可进行面包成形操作。

面团的成形操作可分为手工成形和机械成形两种。主要操作方法有滚、搓、包、捏、压、挤、擀、编、粘、摔、拉、折、叠、卷、切、割、转等。每个技术动作都有它独特的技法，可视成形的需要，相互配合使用。

（5）装盘　面团成形之后，即可码放在烤盘或模具中，进行最后醒发，以便使面团再度膨胀宜于烘烤。

（6）最后醒发　最后醒发是面包造型装饰及烘烤前的关键阶段，也是影响面包品质的关键环节。为使面团重新产气、膨松，得到制品所需的形状和较好的食用品质。大多数面包制作都需最后的醒发过程。

（7）最后成形及美化装饰　面包经过最后醒发后还需进行最后的成形及美化装饰。这是面包制作中关键的一步，也是决定面包品质好坏、口味优劣、外形美观与否的重要步骤。

面包的最后成形及美化装饰形式多种多样，但最基本的有刷、剪、压、撒、切、割等方法。可根据生产面包种类、口味、辅助原料的不同加以灵活运用。

面包的最后成形及美化装饰，决定了面包的最后形状，是面包定型的最后一步。许许多多的面包，无论是简单的刷蛋水、撒芝麻，还是剪出各种形状或切出造型都是在这一阶段进行。此外，面包的最后成形及美化装饰也是反映生产者聪明才智和生产工艺技术的重要方法。

2. 注意事项

面包在成形过程中，有许多环节是举足轻重的。它不仅关系到面团在一系列的制作过程中所应有的品质和质量，更关系到成品的质量。因此，面包在成形过程中，应特别注意以下几个方面。

（1）在面团的分割过程中，不论是手工分割还是机器分割，动作要迅速，以免面团发酵过度，影响面包质量。

（2）中间醒发时，应尽量不使面包吹风，以免面团表面结皮，品质受影响。

（3）面包在成形时，制品形状、大小要一致，同时在操作时，不要放太多干面粉，否则会影响成品质量。

（4）面包在装盘时应做到不同性质、不同大小的面包不放在同一烤盘中。同时，对有结头的面团将结头朝下码放，以防烘烤时结头爆开，影响成品质量。

（5）制品码放的疏密要合理适当。因为码放过密，成品胀发后易粘连；码放过疏，面坯在烘烤时受热面积增大，易造成表皮颜色不匀，同时也造成烤盘的使用浪费。一般情况下，面包码放时，互相之间应有一定距离，以不互相粘连为准。

（6）最后醒发时，在面包放入醒发箱之前，应仔细检查醒发箱的温度、湿度是否与所需醒发的面包要求相符，如有问题要及时加以修正。

（三）面包的成熟

1. 工艺方法

面团经过最后醒发和最后成形及美化装饰后，待体积增至原来的1～3倍时，即可进行烘烤。烘烤成熟是面包制作过程中最后一个步骤，同时也是将面团变成面包的一个关键阶段。

面包的烘烤温度一般在200～230℃，但要视面包的大小、体积薄厚来灵活决定。在大多数情况下，面包生坯的质量越轻、体积越小，所用的温度越高，时间越短。反之，则温度相对越低，时间也越长。

2. 注意事项

（1）烘烤面包时，应了解面包的性质和配方中原料的成分。

（2）在面包坯表面刷蛋液时，要根据需要调节蛋液浓度，同时刷蛋液的动作要轻柔，刷入量以蛋液不从面坯表面流下为宜。

（3）在软质面包烘烤过程中，不要经常打开烤箱门，以防影响面包的质量。

（4）制品符合卫生要求。

五、面包的质量鉴定标准

由于受地区、民族习惯、原辅料来源和质量、工艺配方和设备等方面的影响，各地区、各国家生产的面包在质量上存在很大的差异。一般情况下，完整面包应具备的质量鉴定标准如下。

（1）面包表面光滑、清洁、无明显撒粉粒，没有气泡、裂纹、粘边和变形等。

（2）面包形状具有各品种应有的形状，两头大小应相同。

（3）面包表面呈金黄或棕黄色，色泽均匀一致，有光泽，无烧焦或发白的现象。

（4）面包内部组织从面包断面观察，气孔细密均匀，色泽洁白，无大的孔洞，富有弹性；果子面包果料要均匀，无变色现象。

（5）面包味道应具有产品特有的香味，无酸或其他异味。

（6）面包表面整洁，内外无杂质，符合《中华人民共和国食品安全法》的要求。

（7）面包水分一般在30%～40%，最高不超过40%。

（8）面包酸度发酵正常的甜面包，酸度在6以下，咸面包酸度则在5以下。

任务1 主食面包

主食面包是作为主食的面包，也称普通面包、配餐面包，食用时往往佐以菜肴。

面包的用料比较简单，辅助原料很少使用，主要有面粉、酵母、盐和水，含糖量不超过面粉的7%。各种原料的不同配比可以制作出风味特色多样的主食面包。为适应不同的需要，现代生产的主食面包还添加适量的糖、奶油、添加剂等，以制作出不同风味的主食面包。主食面包配方大同小异，主要是造型不同。主食面包的形状相对比较单调，多为听型和模具烘烤，以便大规模机械化生产。常见形状有长方形、方形、圆形、棍棒形、橄榄形等。

主食面包的质量要求：形态完整，无缺损、无龟裂、无凹坑，形态应与品种相符，表面光洁，无白粉、无斑点；面金黄或淡棕色，均匀一致，无烤焦、无发白现象；具有烘烤和发酵的面包香味，并具有经调配的芳香风味，无多味，口感松软适口，不黏牙、不碜牙，无异味，无未溶化的糖、盐粗粒；组织细腻，有弹性，切面气孔大小均匀，纹理均匀清晰，呈海绵状，无明显大孔洞和局部过硬，切片后不断裂，无明显掉渣。

主食面包的分类有如下三种。

（1）按加工方法分为三种：

脆皮面包：如法棍、罗宋面包、德式面包等。

硬质面包：如俄式大面包、塞克面包、桧木面包、菲律宾面包等。

软质面包：如白面包、吐司面包、大方面包、长方形面包、大小圆面包等。

（2）按口味分为咸味和甜咸味。

（3）按口感分为脆皮型、软质型、半软质型、硬质型四类。

制作实例

全麦面包

扫描二维码
观看制作视频

原料：

中种面团：全麦粉400克，鲜酵母20克，水800克。

主面团：高筋面粉1600克，水520克，乳粉60克，红糖120克，绵白糖60克，盐36克，鲜酵母40克，咖啡粉30克，黄油120克。

制作过程：

1. 中种面团调制：将水、鲜酵母倒入盆中，待鲜酵母溶解后倒入全麦粉，用手搅拌至无颗粒即

可，28～32℃醒发2小时。

2. 将水和红糖放入锅中，加热煮开，倒盆中隔冰水降温。
3. 将高筋面粉、醒发过的中种面团、咖啡粉、乳粉、鲜酵母、绵白糖和红糖水倒入打面缸中，先慢速搅拌2分钟再快速搅拌2分钟，倒入黄油和盐慢速均匀搅拌1分钟打出膜即可。
4. 将面团盖上保鲜膜，放到醒发箱（温度30℃，相对湿度85%），第一次发酵40～60分钟，发酵至原来的2.5～3倍大（用手指粘干面粉，插进面团，若小坑很快回缩则发酵未完成，反之则发酵完成）。
5. 将发酵好的面团取出，滚圆，放到吐司模具中，放到醒发箱进行第二次发酵60分钟。
6. 将再次发酵好的面团放入预热的烤箱（温度设置为上火240℃，下火160℃），烤制45分钟左右取出即可。

成品特点 色泽金黄，口感膨松，营养全面。

拓展品种

香醇椰子面包

原料：

面团：高筋面粉1000克，绵白糖100克，鲜酵母30克，水330克，牛乳200克，椰子果蓉200克，盐12克，黄油50克。

椰子馅料：椰蓉350克，糖粉300克，黄油200克，全蛋120克。

装饰：杏仁片适量。

制作过程：

馅料的制作过程：

把椰蓉、黄油、糖粉放入搅拌机搅拌均匀，把蛋分三次倒入搅拌均匀即可。

面团的制作过程：

1. 将除黄油、盐之外的所有原料倒入打面缸中，慢速搅拌6分钟。
2. 将盐、黄油倒入打面缸中慢速搅拌4分钟出膜即可。
3. 室温基础醒发40分钟。
4. 将面团分割成220克一个的圆形面团，室温松弛20～30分钟。

5. 面团拍气，擀成梯形状面皮。
6. 将馅料均匀涂抹在面皮上，卷成长条，长约30厘米。
7. 轻拍压扁，离面团顶端2厘米处下刀切断，把馅料面朝上编成辫子形状。
8. 醒发温度24～28℃，醒发60分钟。表面喷水撒杏仁片。
9. 烤箱温度设置为上火220℃，下火160℃，喷蒸汽2秒，烤制12分钟即可。

成品特点　色泽金黄，椰丝杏仁片香甜。

菠萝甜面包

原料：

中种面团：高筋面粉1000克，鲜酵母20克，水620克。

主面团：高筋面粉1800克，乳粉90克，绵白糖600克，黄油400克，盐36克，中种面团1920克，全蛋600克，鲜酵母150克，水300克。

菠萝皮：低筋面粉500克，绵白糖300克，黄油150克，鸡蛋200克。

制作过程：

1. 菠萝皮调制：将黄油、绵白糖倒入打蛋器中，搅拌至微微发白，再缓缓倒入蛋液搅拌均匀。加入低筋面粉混合均匀，冷藏待用。
2. 中种面团调制：将高筋面粉、鲜酵母和水放入搅拌机搅拌，先低速搅拌2分钟，再高速搅拌1分钟，搅拌均匀即可，28～32℃醒发2个小时后可用。
3. 主面团调制：把除黄油、盐之外的所有原料倒入打面缸中先慢速搅拌2分钟，再快速搅拌2分钟至扩展状态，加入盐和黄油先慢速搅拌2分钟，再快速搅拌2分钟打出膜为止。面团温度27℃，常温基础醒发30分钟。
4. 将面团分割成60克每个的小面团。
5. 将菠萝皮分割成30克每个，撒粉压扁，包入面团，左手取皮，右手拿面包坯，将面团黏在菠萝皮上，用右手由外往内挤捏压紧，最后用手指收口，粘上绵白糖，用面刮板压出向日葵形即可。
6. 室温醒发60～90分钟。
7. 烤箱预热，上火180℃，下火160℃，烤制14分钟即可。

成品特点　色泽金黄，形似菠萝。

任务2 花色面包

花色面包的品种甚多，包括夹馅面包、表面喷涂面包、油炸面包圈及因形状而异的品种等。它的配方优于主食面包，其辅料配比属于中等水平。以面粉量作基数计算，糖用量12%～15%，油脂用量7%～10%，还有鸡蛋、牛乳等其他辅料。

制作实例

扫描二维码
观看制作视频

奶油夹心面包

原料：

中种面团：高筋面粉1000克，鲜酵母20克，水620克。

主面团：高筋面粉1800克，乳粉90克，绵白糖600克，黄油400克，盐36克，中种面团1920克，全蛋600克，鲜酵母150克，水300克。

奶油夹心：黄油200克，糖粉50克，淡奶油200克。

制作过程：

1. 中种面团调制：将鲜酵母加水化开后，倒入高筋面粉混合，揉均匀，用保鲜膜包住，室温放1小时后，放入冰箱醒发12～16小时。
2. 主面团调制：将高筋面粉、乳粉、绵白糖、醒发过的中种面团、全蛋、鲜酵母和水倒入打面缸中先慢速搅拌2分钟，再快速搅拌2分钟至扩展状态，加入盐和黄油先慢速搅拌2分钟，再快速搅拌2分钟打出膜为止。面团温度27℃，常温基础醒发30分钟。
3. 取出醒发好的面团，将面团分割成120克每个的小面团，做橄榄状造型。放醒发箱醒发60分钟左右。
4. 取出面团，在面包坯表面刷上蛋液，放入烤箱以上火190℃，下火160℃，烤制15分钟左右。
5. 奶油夹心的制作：将黄油和糖粉倒入打蛋缸中打发，缓缓地倒入淡奶油，继续打发，冷藏即可。
6. 面包冷却后，将面包切开一边口，挤入奶油夹心，撒上糖粉即可。

成品特点　色泽金黄，馅心嫩黄，膨松细腻。

拓展品种

草莓忌廉包

原料：

中种面团：高筋面粉1000克，鲜酵母20克，水620克。

主面团：高筋面粉1800克，乳粉90克，绵白糖600克，黄油400克，盐36克，中种面团1920克，全蛋600克，鲜酵母150克，水300克。

馅料：即溶吉士粉50克，黄油100克，草莓果酱200克，牛乳150克。

制作过程：

1. 馅料调制：将即溶吉士粉放到牛乳中快速搅拌，放置10分钟让其充分吸水，快速搅拌至面糊光滑，然后将在室温下化软的黄油和草莓果酱加入其中，快速搅拌成光滑面糊即可。
2. 中种面团调制：将高筋面粉、鲜酵母和水放入搅拌桶，用搅拌机搅拌，先低速搅拌2分钟，再快速搅拌1分钟，搅拌均匀即可，28～32℃醒发2小时后可用。
3. 主面团调制：把除黄油、盐之外的所有原料倒入打面缸中先慢速搅拌2分钟，再快速搅拌2分钟至扩展状态，加入盐和黄油慢速搅拌2分钟，再快速搅拌2分钟打出膜为止。面团温度27℃，常温基础醒发半小时。
4. 面团分割成100克每个的小面团，滚圆、再松弛15～20分钟。
5. 将面包剂子搓圆造型，最后醒发60～90分钟，醒发温度为32℃，相对湿度80%。
6. 烘烤前用西餐刀在面包坯上划几道纹路，放入烤箱烘烤，上火200℃，下火170℃，烤制时间约18分钟。
7. 出烤箱后趁热用裱花袋挤注馅心于面包表面即可。

成品特点　面包松软，馅心软嫩。

香蕉味面包

原料：

中种面团：高筋面粉1000克，鲜酵母20克，水620克。

主面团：高筋面粉1800克，乳粉90克，绵白糖600克，黄油400克，盐36克，中种面团1920克，全蛋600克，鲜酵母150克，水300克。

馅料：玉米淀粉15克，低筋面粉10克，黄油200克，盐1克，水110克，香蕉果馅180克，即溶吉士粉100克。

制作过程：

1. 馅料调制：将玉米淀粉、即溶吉士粉、低筋面粉、黄油、盐拌匀，再分次加入水拌匀，最后加入香蕉果馅搅拌均匀待用。
2. 中种面团调制：将高筋面粉、鲜酵母和水放入搅拌桶，用搅拌机搅拌，先低速搅拌2分钟，再快速搅拌1分钟，搅拌均匀即可，28~32℃醒发2个小时后可用。
3. 主面团调制：把除黄油、盐之外的所有原料倒入打面缸中先慢速搅拌2分钟，再快速搅拌2分钟至扩展状态，加入盐和黄油慢速搅拌2分钟，再快速搅拌2分钟打出膜为止。面团温度27℃，常温基础醒发半小时。
4. 面团分割成100克每个的小面团，滚圆、再松弛15~20分钟。
5. 将面包剂子搓圆造型，最后醒发60~90分钟，醒发温度为32℃，相对湿度80%。
6. 烘烤前用西餐刀在面包坯上划几道纹路，放入烤箱烘烤，上火200℃，下火170℃，烤制时间约18分钟。
7. 出烤箱后趁热用裱花袋挤注馅心于面包表面即可。

成品特点 色泽金黄，面包松软，馅心软嫩。

牛奶哈斯

原料：

高筋面粉700克，低筋面粉300克，绵白糖120克，鲜酵母40克，蛋黄50克，牛乳630克，盐20克，黄油100克，炼乳30克。

制作过程：

1. 将除盐、黄油、炼乳外的其他所有原料放入打面缸中混合搅拌，先慢速搅拌2分钟，再快速搅拌2分钟，再加入盐、黄油、炼乳先慢速搅拌2分钟，再快速搅拌2分钟。取出放醒发箱基础醒发40分钟。
2. 切割，滚圆松弛10分钟，擀成1厘米厚的面饼，用模具刻出面包的花形。
3. 将面包坯间隔地放入刷油的烤盘上，继续发酵至原来面团体积的2倍。
4. 烤箱预热185℃，烤盘放置中层，烤20分钟左右。

成品特点　色泽金黄，奶味香浓。

任务3 调理面包

调理面包是指烤制成熟前或后在面包坯表面或内部添加奶油、人造黄油、蛋清、可可、果酱等的面包。不包括加入新鲜水果、蔬菜以及肉制品的食品。

最早是法国人研制出了三明治，随之各式各样的调理面包相继出现。先将烤制好的吐司面包切成片一面抹一层奶油，入炉烤干，然后中间夹入蔬菜、肉饼或火腿、各种酱料等制作而成。随着不断更新，调理面包又具有操作简单、携带方便的特点，口味、造型的多样化，越来越受到人们的青睐。

现在的调理面包，为了调节口味还可以在馅料中间挤入沙司、沙拉酱等，表面也可以挤一些沙拉酱或撒一些碎乳酪。也可以直接将馅料包入面包直接烤制。面坯可供多种选择，如牛角面包、全麦面包、法式面包、吐司面包等，中间馅料可根据个人喜好、口味不同选择，常见的一般放入生菜、洋葱圈、番茄、酸黄瓜片、火腿片或煎好的鸡蛋等。此外还有海鲜馅料，如虾、鱼肉、鱼子酱等；肉馅如猪肉饼、牛肉饼等。还可以把几种不同的原料混合加入面包中。调理面包是运用甜面包或白吐司面包的配方面团制成的，经最后发酵后，烘烤前在面团表面添加各种调制好的料理，然后进炉烘烤成熟。调理面包最大的特色是涵盖了中国人特有的口味和品尝价值，它含有色、香、味俱全的美誉，尤其是以趁热食用的味道最佳，完全符合我国人的饮食习惯。现在料理的摄取范围十分广泛，蔬菜、葱屑、火腿、碎肉、萝卜以及鱼、肉酱、玉米罐头等食品，都是制作调理面包的好材料。一款好的调理面包除具有一般面包所应有的组织柔软细腻的特点外，还应该特别表现出面包和调理色、香、味俱全的特点。为了不掩盖面包料理的味道，制作料理面包所用油脂风味应较为清淡，不仅起到拌入空气的作用，同时也能让面包调理的味道得到充分的体现。

制作实例

扫描二维码
观看制作视频

汉堡包

原料：

主面团：高筋面粉500克，低筋面粉500克，水350克，绵白糖40克，盐20克，鲜酵母40克，黄油120克，鸡蛋100克。

装饰：白芝麻适量。

制作过程：

1. 将高筋面粉、低筋面粉、鸡蛋、水、绵白糖和鲜酵母倒入打面缸中，先慢速搅拌2分钟，再快速搅拌2分钟，放入黄油和盐，慢速搅拌3分钟后，转快速搅拌5分钟，面团出膜后取出，在室温醒发20分钟左右。
2. 将醒发后的面团切割成80克每个的小面团后成形，喷水，将面团发酵60～90分钟。取出面团，喷水，撒上白芝麻，放入风炉160℃烤12分钟左右。

成品特点　色泽金黄，表面芝麻均匀，质地香软。

拓展品种

猪肉汉堡包

原料：

中种面团：高筋面粉1400克，鲜酵母20克，水800克。

主面团：高筋面粉600克，水540克，乳粉40克，绵白糖120克，盐36克，鲜酵母30克，黄油120克。

馅料：猪肉馅200克，鸡蛋液120克，盐2克，料酒少许，洋葱、胡萝卜适量，番茄酱适量，生菜叶2片，番茄2片。

装饰：白芝麻适量。

制作过程：

1. 中种面团调制：将高筋面粉、鲜酵母和水放入搅拌桶，用搅拌机搅拌，先低速搅拌2分钟，再快速搅拌1分钟，搅拌均匀即可，28～32℃醒发2小时后可用。
2. 主面团调制：把除黄油、盐之外的所有原料倒入打面缸中先慢速搅拌2分钟，再快速搅拌2分钟至扩展状态，加入盐和黄油先慢速搅拌2分钟，再快速搅拌2分钟打出膜为止。面团温度27℃，常温基础醒发30分钟。
3. 将面团取出分割成12克每个的小面团，分别滚圆并将面团内的大气泡压出，覆盖上保鲜膜或湿毛巾静置松弛10～15分钟，使面筋变软。
4. 用手掌将滚圆松弛后的面团略微压扁一点，表面喷水撒上白芝麻放入烤盘中。
5. 将面团放入醒发箱，发酵至原面团体积的2～3倍大，要注意不要让面团表面干掉，可喷水保湿。
6. 烤箱预热180℃，面团表面喷水，入炉烘烤12～15分钟，出炉后放凉备用。
7. 在制作面包坯的同时，制作馅心。首先，猪肉馅中加入洋葱碎、胡萝卜碎，调入鸡蛋液、盐和料酒，用筷子沿同一方向搅打均匀，至肉馅呈黏稠状，将搅打好的肉馅分成2块，压扁成0.5厘米厚和汉堡坯面积相同的饼状；其次，中火烧热平底锅中的油，放入制好的猪肉饼煎至熟透时取出。
8. 将面包横切剖开，涂上一层番茄酱，夹入生菜叶、番茄圆片和煎熟的猪肉饼，再淋上番茄酱即可。

成品特点　色泽金黄，表面芝麻均匀，香味浓郁。

鸡蛋三明治

原料：

咸面包片3片，鸡蛋2个，薄方火腿2片，黄油10克。

制作过程：

1. 面包片要稍厚些，先放进烤箱里烤至微黄，备用。
2. 把鸡蛋打散，在平底锅里放少许黄油后，将蛋液倒入铺开，放入方火腿肉，取出后用刀一分为二切开，备用。
3. 取一片面包抹上黄油，铺上方火腿鸡蛋，盖上第二片面包，再放上方火腿鸡蛋。
4. 把第三片面包抹上黄油，并油面朝下覆盖，再用刀把三明治对角切成两个三角形即成。

成品特点　色泽鲜艳，营养丰富，美味可口。

任务4 酥油面包

酥油面包是在配方中使用较多的油脂，又在面团中包入大量的固体脂肪，所以属于面包中档次较高的产品。该产品既保持面包特色，又接近于馅饼及千层酥等西点类食品。产品问世以后，由于酥软爽口，风味奇特，更加上香气浓郁，备受消费者的欢迎。

酥油在面包制作中，能增大面包体积。研究表明面包在焙烤时油脂熔化聚集到气泡的周围形成油气表面，当气体膨胀时不易断裂，使气体逃逸量减少，从而产生了大体积、气室均匀的高质量面包。

酥油在面包制作中，能提高面包的抗老化性。面包是一种生物化学胶体体系，在贮存过程中将发生一系列的物理、化学以及微生物的变化，使面包的质量受到很大影响。面包专用起酥油在面包贮存过程中能够帮助面包芯维持软度，使可接受程度延长。

酥油在面包制作中，能改善面团的加工性能。面包专用起酥油与面粉中的分子结合，可使面团形成更大的面筋网络结构，使面筋更有弹性和韧性。

酥油在面包制作中，能赋予面包特殊的香味。面包专用起酥油在烘烤的过程中可与面包中的糖类发生复杂的化学反应，从而赋予面包特殊的香味。

制作实例

巧克力可颂

扫描二维码
观看制作视频

原料：

高筋面粉400克，低筋面粉400克，绵白糖65克，鲜酵母30克，牛乳195克，水270克，盐18克，黄油75克，片状黄油365克，巧克力棒少许，蛋液50克，橄榄油适量。

制作过程：

1. 面团调制：将高筋面粉、低筋面粉、鲜酵母、牛乳、绵白糖和水一起放入搅拌机中慢速搅拌，面粉搅拌至无干粉时，倒入盐和黄油，搅拌至扩展状态，将面团取出放烤盘上，压平，用保鲜膜包住，放冰箱冷冻至面团温度为4℃。
2. 将冷冻后的面团取出，放在开酥机上擀成长方形，用叠被子手法把片状黄油包入面团中。用开酥机将千层酥面团压至3.5毫米厚，再切割成宽9厘米、长20厘米的长方形，放冰箱冷冻。

3. 取出后用轮刀将面皮切割成三角形，加入两根巧克力棒，用双手轻轻拉伸三角形，从底边向上卷至尖端成枕头状，刷蛋液，放入醒发箱28℃醒发60～90分钟。
4. 醒发后取出，再次刷蛋液，放入烤箱上火210℃，下火150℃，烤制16分钟左右。
5. 烤好后取出刷上橄榄油即可。

成品特点　色泽金黄，外皮酥松，内部松软。

拓展品种

富士苹果面包

原料：

主面团：高筋面粉600克，低筋面粉400克，绵白糖100克，鲜酵母40克，牛乳250克，水250克，盐18克，乳粉30克，鸡蛋30克，黄油50克，片状黄油420克。

馅料：即溶吉士粉50克，富士苹果泥80克，牛乳100克。

装饰：杏仁片15克，糖粉15克。

制作过程：

1. 馅料调制：将苹果泥放入搅拌桶中，加入即溶吉士粉，加入牛乳搅拌均匀即可。
2. 主面团调制：将主面团中除黄油、盐外的原料倒入打面缸里，用低速搅拌4分钟，加入盐和黄油后先慢速搅拌2分钟，再快速搅拌2分钟，打至扩展即可。
3. 室温醒发40分钟后，将面团放入2℃的冷柜中冷冻30分钟，然后取出面团裹入片状黄油，折2个三折、1个两折。
4. 将面团擀成7毫米厚、40厘米长，卷起面团并切成蜗牛的形状，将平放好的面团轻压一下，在中间挤入富士苹果馅，封口并放入模具中。
5. 放入醒发箱，最后醒发60分钟，醒发温度28℃，相对湿度80%。
6. 烘烤前刷蛋液并撒上杏仁片和糖粉。烤箱温度上火180℃，下火190℃，烤制约20分钟。

成品特点　色泽金黄，质地酥软，苹果味浓。

项目二
蛋糕制作工艺与制作实例

【项目描述】

蛋糕是一种古老的西点，是用鸡蛋、白糖、小麦粉为主要原料，以牛乳、果汁、坚果或水果、乳粉、香粉、色拉油、水、起酥油、泡打粉为辅料。经过搅拌、调制、烘烤后形成色泽鲜艳，口感膨松香甜，造型美观，像海绵的点心。

【学习目标】

1. 了解蛋糕常见的分类方法和制作方法。
2. 能够掌握蛋糕生产主辅原料的特性、功能及使用方法。
3. 掌握蛋糕生产工艺各环节的技术要领。

一、蛋糕的概念

蛋糕是一种面食，通常是甜的，典型的蛋糕是以烤的方式制作出来。蛋糕的材料主要包括面粉、甜味剂（通常是蔗糖）、黏合剂（一般是鸡蛋，素食主义者可用面筋和淀粉代替）、起酥油（一般是牛油或人造牛油，低脂肪含量的蛋糕会以浓缩果汁代替），液体（牛乳、水或果汁），香精和发酵剂（例如酵母或者发酵粉）。

二、蛋糕的分类

蛋糕的种类很多，根据使用原料、搅拌方法和面糊性质不同，常见的有海绵蛋糕、油脂蛋糕两种基本类型，以及由此变化而来的各种花式蛋糕、装饰蛋糕等。

1. 按坯子做法分类

（1）海绵蛋糕　主要是利用鸡蛋打进空气，经过烘焙使空气受热膨胀而把蛋糕撑大。这类蛋糕可以不加油脂，质地柔软，故又称清蛋糕，是最早出现的蛋糕。常温下冬季可保存3天，夏季可保存1天。最好低温冷藏。

（2）威风蛋糕　威风蛋糕是乳沫类和面糊类蛋糕改良综合而成的。制作时蛋清、蛋黄须分开，分别打发，最后才混匀。其组织最为膨松，水分多而味道清淡不腻，十分受欢迎。市面上蛋糕店大多用这种坯子。冬季可保存3天，夏季可保存1天。最好低温冷藏。

（3）布丁蛋糕　主要是采用黄油、鸡蛋、白糖、牛乳为主要原料配以各式辅料，通过冷藏或烤制而成的一种欧式蛋糕。夏季要低温冷藏，冬季无需冷藏可保存3～5天。

（4）慕斯蛋糕　是用明胶凝结乳酪及鲜奶油而成，不必烘烤即可食用，是现今高级蛋糕的代表。夏季要低温冷藏，冬季无需冷藏可保存3～5天。

（5）天使蛋糕　属于乳沫类蛋糕，只用无油脂成分的蛋清部分，毫不油腻而且有弹性，非常爽口，其成品清爽雪白。因为它不含油脂与胆固醇，特别适合怕胖或有心血管疾病的人，是一种健康点心。常温下冬季可保存3天，夏季可保存1天。最好低温冷藏。

（6）芝士蛋糕　主要是采用多量的乳酪做成的高级蛋糕，是现今高级蛋糕的代表，也是美食家的新宠。市面售价非常昂贵，需低温冷藏。

（7）面糊类蛋糕　主要是采用大量的固体油脂，故又称油蛋糕。又分为基本奶油蛋糕和重奶油蛋糕。

2. 按裱花材料分类

（1）鲜奶油蛋糕　鲜奶油是植物性油脂，主要从大豆提炼，爽而不腻，营养丰富，深受人们喜爱。

（2）水果蛋糕　一般蛋糕店制作鲜奶油蛋糕时，坯子切三层，加水果，加酒。现在一般说的水果蛋糕主要是鲜奶油蛋糕上摆上水果。

（3）巧克力蛋糕　主要是戚风蛋糕坯子上淋上融化的巧克力而成。

（4）冰激凌蛋糕　用冰激凌代替鲜奶油。

三、蛋糕的特点

1. 富有营养

蛋糕多以乳品、蛋品、糖类、油脂、面粉、干鲜水果等为常见原料，而这些原料含有丰富的蛋白质、脂肪、糖及维生素等营养物质，它们是人体健康所必不可少的营养素。

2. 口味清香

同样由于蛋糕所用的主料为面粉、乳品、干鲜水果等，这些原料本身具有芳香的味道，而且这些原料在烘烤过程中发生美拉德反应等形成了特异的香气，更不用说个别蛋糕添加少量的香精提香了，所以，蛋糕在口味上往往显现出清香的特点。

3. 色泽漂亮

在蛋糕的制作过程中，由于配料中使用了白糖等糖类，在烤制成熟时发生了焦糖化反应，使之形成了漂亮的金黄色或褐黄色，刺激消费者的食欲。

4. 口感松软

在蛋糕制作过程中，无论是利用鸡蛋膨松、油脂膨松或是其他添加剂膨松等技法，生产出来的蛋糕产品，都有膨松的口感，从而形成了蛋糕的另一特色。

5. 工艺简洁

蛋糕从选料到搅拌、从灌模到烘烤、从脱模到造型、从整理到装饰，从每一个线条到图案，每一种色调，都清晰可辨，简洁明快，给人赏心悦目的感受。

总之，蛋糕都具有丰富的营养，漂亮的色泽，清香的风味，松软的口感和简洁的制作工艺。

四、蛋糕的质量鉴定标准

1. 色泽

表面呈金黄色、内部呈乳白色，色泽均匀一致。

2. 形态

形状整齐、不歪斜，薄厚度一致。

3. 内部组织

组织细密，蜂窝均匀、无大气孔、无面粉、糖、蛋等疙瘩，富有弹性，无生心。

4. 口味

绵软甜香、有蛋香味、无异味。

5. 规格

根据顾客的需要而定。

6. 卫生

内外无杂质和病菌，符合《中华人民共和国食品安全法》的要求。

任务1 乳沫类蛋糕

乳沫类蛋糕又称海绵蛋糕、泡沫蛋糕，是利用蛋清起泡性能使蛋液中充入大量的空气，加入面粉烘烤而成的一类膨松点心，因为其结构类似于多孔的海绵而得名，在国外称为泡沫蛋糕，在国内称为清蛋糕。乳沫类蛋糕是以全蛋、白砂糖、低筋面粉为主要原料，不加油脂或加入少量的油脂，充分利用全蛋的起泡性使蛋糕体积膨大的一类蛋糕。制品具有突出的、致密的起泡结构，质地松软而富有弹性，其组织像海绵一样。在乳沫类蛋糕的配方中，在一定的范围内，蛋的比例越高，糕体越膨松，质量越好。中高档乳沫类蛋糕几乎全靠蛋的发泡使制品膨松，制品气孔细密、口感风味良好。低档乳沫类蛋糕由于减少了蛋的用量，较多地依靠泡打粉、发泡剂及其他化学原料使制品膨松，因而制品气孔较大，质地粗糙、口感与风味较差。

乳沫类蛋糕的膨发途径主要是靠蛋的拌打过程中与空气的融合，进而在炉内产生蒸汽压力而使蛋糕体积起发膨胀。蛋、糖、面粉是制作乳沫类蛋糕的三种基本材料。

乳沫类蛋糕在制作过程中，一般有两种做法：一种是只用蛋清而不用蛋黄的“天使蛋糕”，另一种是用全蛋的“黄海绵蛋糕”，因而配方也各有不同。

天使蛋糕由蛋清、白糖、面粉、油脂按5∶3∶3∶1的比例配合制作而成，因配方中没有用蛋黄，所以其发泡性能很好，糕体内部组织相对比较细腻，色泽洁白，质地柔软，几乎呈膨松状。

黄海绵蛋糕传统的配方一般有两种：一种是鸡蛋与糖、面粉的比例为1∶1∶1，另一种为鸡蛋与糖、面粉的比例为2∶1∶1。与天使蛋糕的不同之处在于其不仅使用蛋清，同时也使用了蛋黄，如果制作方法得当，其成品品质与天使蛋糕无异。

乳沫类蛋糕的工艺流程如下：

原料称量→面糊搅拌→装盘（装模）→烘烤→冷却→装饰→成品。

烘烤的温度对所烤蛋糕的质量影响很大。温度太低，烤出的蛋糕顶部会下陷，内部较粗糙；烤制温度太高，则蛋糕顶部隆起，中央部分容易裂开，四边向里收缩，糕体较硬。通常烤制温度以180～220℃为佳。烘烤时间对所烤蛋糕质量影响也很大。正常情况下，烤制时间为30分钟左右。如时间短，则内部发黏，不熟；如时间长，则易干燥，四周硬脆。

出炉前，应鉴别蛋糕成熟与否，比如观察蛋糕表面的颜色，以判断生熟度。用手在蛋糕上轻轻一按，松手后可复原，表示已烤熟，不能复原，则表示还没有烤熟。还有一种更直接的办法，是用一根细的竹扦插入蛋糕中心，然后拔出，若竹扦上很光滑，没有蛋糊，表示蛋糕已熟透；若竹扦上粘有蛋糊，则表示蛋糕还没熟。如没有熟透，需继续烘烤，直到烤熟为止。

海绵蛋糕的质量标准是：表面呈金黄色，内部呈乳黄色，色泽均匀一致，糕体较轻，顶部平坦或略微凸起，组织细密均匀，无大气孔，柔软而有弹性，内无生心，口感不黏不干，轻微湿润，蛋味甜味相对适中。

制作实例

海绵蛋糕

扫描二维码
观看制作视频

原料：

低筋面粉200克，泡打粉8克，盐2克，绵白糖240克，淡奶油240克，鸡蛋220克。

制作过程：

1. 将鸡蛋、盐、绵白糖一起倒入打蛋盆，隔热水（温度为80℃）打发。蛋糊温度在40℃左右时，将打蛋盆从热水中移开，用搅拌机打发至发白。
2. 将低筋面粉加入泡打粉过筛，倒入蛋糊中翻拌均匀。
3. 将淡奶油倒入打蛋盆中打发至呈波纹状。
4. 将搅拌好的面糊倒入裱花袋，挤入模具中。

5. 放入预热好的烤箱（温度为170℃）烤制45～50分钟。
6. 烤好后取出，冷却后脱模即可。

成品特点 膨松有弹性，质地松软。

拓展品种

草莓蛋糕坯

原料：

全蛋400克，绵白糖150克，低筋面粉80克，生粉60克，黄油60克，草莓果泥100克。

制作过程：

1. 将全蛋、绵白糖混合用打蛋器快速打发至硬性发泡（乳白色）。
2. 将低筋面粉、生粉过筛后倒入打发的蛋糊中翻拌均匀，至看不到干粉即可。
3. 将黄油隔水融化倒入鸡蛋面粉糊中，翻拌均匀。
4. 将草莓果泥隔水化开后倒入鸡蛋面粉糊中，翻拌均匀，倒入烤盘中。
5. 烤箱提前预热，上火190℃，下火170℃，烤制12～18分钟即可。

成品特点 质地松软，草莓味浓。

任务2 戚风类蛋糕

戚风蛋糕是英文chiffon的音译，意思像绸子一样轻软。戚风蛋糕综合了油脂类蛋糕和乳沫类蛋糕的优点。其产品非常膨松绵软有弹性，组织细腻紧韧，口味清淡滋润，水分含量充足，在低温下不会失去原有制品的品质，特别适合用作高档蛋糕卷、奶油装饰蛋糕的蛋糕坯。

戚风蛋糕是一款甜点，制作原料主要有菜油、鸡蛋、糖、面粉、发粉等。但是由于缺乏牛油蛋糕的浓郁香味，戚风蛋糕通常需要味道浓郁的汁或加上巧克力、水果等配料。

由于菜油不像牛油（传统蛋糕都是用牛油的）那样容易打泡，因此需要靠把蛋清打成泡沫状，来提供足够的空气以支撑蛋糕的体积。戚风蛋糕含足量的菜油和鸡蛋，因此质地非常的湿润，不像传统牛油蛋糕那样容易变硬。戚风蛋糕也含较少的饱和脂肪。

戚风蛋糕组织膨松，水分含量高，味道清淡不腻，口感滋润嫩爽，是受欢迎的蛋糕之一。这里要说明的是，戚风蛋糕的质地异常松软，若是将同样重量的全蛋搅拌式海绵蛋糕面糊与戚风蛋糕的面糊同时烘烤，那么戚风蛋糕的体积可能是前者的两倍。戚风蛋糕口感绵软、香甜，是外出旅行必不可少的休闲美食。

虽然戚风蛋糕非常松软，但它却带有弹性，且无软烂的感觉，吃时淋各种酱汁很可口。另外，戚风蛋糕还可做成各种蛋糕卷、波士顿派等。

鸡蛋最好选用冰蛋，其次为新鲜鸡蛋，不能选用陈鸡蛋。这是因为冰蛋的蛋清和蛋黄比新鲜鸡蛋更容易分开。另外，若是单独将鲜鸡蛋清放入冰箱中贮存1～2天后，再取出搅打，会比新鲜蛋清更容易起泡，这种起泡能力的改变，其实是因蛋清的pH从8.9降低到6.0所致。

糖宜选用细粒（或中粒）绵白糖，因为这在蛋黄糊和蛋白膏中更容易溶化。

面粉宜用低筋面粉，不能选高筋面粉。高筋面粉遇水会产生大量面筋，从而形成面筋网络，影响蛋糕的发泡。

油脂宜选用流质油，如色拉油等。这是因为油脂是在蛋黄与白糖搅打均匀后才加的，若使用固体油脂则不易搅打均匀，从而影响蛋糕的质量。

使用泡打粉和塔塔粉时，应注意其保质期和是否受潮。若使用了失效的泡打粉和塔塔粉，则会影响蛋糕的膨胀。

烘烤温度也是制作蛋糕的关键。烘烤前必须让烤箱预热。此外，蛋糕坯的厚薄大小，也会对烘烤温度和时间有要求。蛋糕坯厚且大者，烘烤温度应当相应降低，时间相应延长；蛋糕坯薄且小者，烘烤温度则需相应升高，时间相对缩短。一般来说，厚坯的温度为上火180℃、下火150℃；薄坯的温度应为上火200℃、下火为170℃，烘烤时间以35～45分钟为宜。

蛋糕成熟与否可用手指去轻按表面测试，若表面留有指痕或感觉里面仍柔软浮动，那就是未熟；若感觉有弹性则是熟了。蛋糕出炉后，应立即从烤盘内取出，否则会引起收缩。蛋糕出炉以后，应反扣在烤架上面放凉，以免表面过于潮湿影响口感。

戚风类蛋糕的工艺流程如下。

原料称量→蛋白面糊搅拌→蛋黄面糊搅拌→混合→装盘（装模）→烘烤→冷却→装饰→成品。

制作实例

扫描二维码
观看制作视频

瑞士卷

原料：

全蛋4个，绵白糖50克，低筋面粉40克，色拉油40克，全脂牛乳40克，奶油100克。

制作过程：

1. 将全蛋磕入碗中，蛋清分离，预热烤箱上下火175℃。
2. 将蛋清倒入搅拌机中慢速搅拌，先加入20克绵白糖慢速搅拌出泡沫，再加入10克绵白糖继续搅拌，最后再加入10克绵白糖，继续搅拌成倒三角形成蛋白霜。
3. 将全脂牛乳、色拉油和低筋面粉倒入盆中，用打蛋器搅拌成面糊。
4. 搅拌蛋黄，倒入面糊中混合均匀至无颗粒成蛋黄糊。
5. 取三分之一的蛋白霜倒入蛋黄糊中，用翻拌法混合均匀，再倒入打蛋缸中和剩下的蛋白霜翻拌均匀即可。
6. 将硅胶软膜铺在烤盘上，将面糊倒入软膜中，用抹刀铺平。
7. 将烤盘放入预热好的烤箱中，烘烤20分钟左右。
8. 将奶油和10克绵白糖一起倒入打蛋缸中打发。
9. 蛋糕取出冷却、脱模后，底部抹上奶油馅心、卷制成形，切片或整条装饰即可。

成品特点　口感柔软细腻。

拓展品种

香草戚风坯

原料：

蛋清5个，蛋黄5个，绵白糖50克，盐1克，低筋面粉78克，色拉油43克，牛乳60克，香草精2滴。

制作过程：

1. 将低筋面粉过筛。预热烤箱，温度为上火180℃，下火180℃。
2. 将牛乳、色拉油混合搅拌均匀，倒入过筛后的低筋面粉搅拌至无颗粒状后再倒入蛋黄搅拌均匀，呈飘带状。
3. 将蛋清、盐倒入打蛋器中速搅拌，打发至鱼嘴泡状，分三次加入绵白糖搅拌成中性发泡，呈鸟喙状。把打发好的蛋清分三次加入蛋黄面糊中搅拌均匀，滴入香草精拌匀即可。
4. 把面糊装入模具中，六七分满即可，放入烤箱烘烤，烤制30～35分钟。
5. 烘烤取出后趁热倒扣，冷却后脱模。

成品特点　口感柔软细腻。

红丝绒戚风蛋糕

原料：

牛乳262克，醋22克，可可粉45克，低筋面粉176克，红曲粉30克，高筋面粉175克，盐3克，苏打粉9克，黄油225克，绵白糖420克，鸡蛋112克。

制作过程：

1. 将低筋面粉、可可粉和苏打粉混合一起过筛。风炉175℃，预热15～18分钟。
2. 将牛乳、红曲粉、醋混合均匀，加入盐、绵白糖混合均匀待用。
3. 将黄油室温软化，倒入打蛋缸中加入盐和绵白糖快速搅拌，再缓缓地加入蛋液，直至完全均匀。再倒入牛乳、醋、红曲粉的混合物，搅拌均匀。
4. 将一半高筋面粉、一半牛乳缓缓加入，慢速搅拌均匀，再加入另一半高筋面粉和牛乳，搅拌均匀。
5. 倒入模具，每个60克左右，放入风炉内烘烤20分钟左右。
6. 取出蛋糕冷却后，用模型压出形状，挤上奶油并装饰水果或薄荷叶等。

成品特点　口感柔软细腻。

任务3 面糊类蛋糕

面糊类蛋糕是重油蛋糕，也称奶油蛋糕、油脂蛋糕，是一类在配方中加入较多固体油脂，利用油脂的充气性膨松的蛋糕。其弹性和柔软性不如海绵蛋糕，但质地酥散、滋润，带有油脂特别是奶油的香味，具有较长的保质期。因为其质地紧密，常用作翻糖蛋糕坯。重油蛋糕是利用配方中的固体油脂在搅拌时拌入空气，面糊于烤炉内受热膨胀成蛋糕。主要原料是蛋、糖、面粉和黄油。产品特点是油香浓郁、口感深香有回味，结构相对紧密，有一定的弹性。

一、面糊类蛋糕的工艺流程

原料称量→面糊搅拌→装盘（装模）→烘烤→冷却→装饰→成品。

二、面糊类蛋糕的制作工艺

（一）面糊搅拌

不同的搅拌器具与搅拌速度与面糊的比重有着密不可分的关系。一般面糊类蛋糕有五种不同的搅拌方法，但最常见的仍为粉油拌和法、糖油拌和法两种。

1. 粉油拌和法

粉油拌和法适用于油脂成分较高的面糊类蛋糕，尤其适用于低熔点的油脂。制作前可先将面粉置于冷藏，降低温度，以利于打发的效果，使用此法时，需注意配方中的油用量必须在60%以上，以防面粉出筋，造成产品收缩而得到相反效果。

2. 糖油拌和法

糖油拌和法又称传统乳化法，这是搅拌面糊类蛋糕的常用方法，此类拌和法可加入更多的糖和水，至今仍用于各式面糊类蛋糕，其常被使用的因素主要是烤出来的蛋糕体积较大，其次则是习惯性。一般的点心制作，如凤梨酥、丹麦菊花酥、小西饼、菠萝皮……皆使用糖油拌和法。

（二）装盘（装模）

面糊类蛋糕搅拌好后，多装于模具和纸杯中进行烘烤。模具预处理是在内壁刷上一层薄薄的油，再垫上烘焙油纸，以便于出炉后脱模。纸杯可以直接使用，不需要预处理。

（三）烘烤

烘烤时间应依据制品的大小和厚薄来进行决定，同时可依据配方中糖的含量灵活进行调节。含糖量高，温度稍低，时间长；含糖量低，温度则稍高，时间短。

制作实例

扫描二维码
观看制作视频

黄油蛋糕

原料：

黄油340克，绵白糖400克，低筋面粉300克，泡打粉8克，盐1.5克，蛋黄180克，香草精5克，牛乳120克，蛋清270克。

制作过程：

1. 将黄油和200克绵白糖倒入搅拌机中，中速搅拌至发白，把蛋黄和香草精缓缓加入搅拌机中，搅拌均匀。然后缓缓倒入牛乳，打润滑后加入低筋面粉、泡打粉和盐，慢速搅拌，呈倒三角状。
2. 将蛋清和200克绵白糖一起倒入打蛋缸中先慢速后快速打发至波纹状。
3. 取出少许的蛋黄糊，放入打发好的蛋清中，快速搅拌，再放入剩下的蛋黄糊，搅拌均匀，呈鸟喙状。
4. 取长方形模具，在模具上喷上脱模油。把面糊倒入裱花袋中，挤入模具至七分满。放入预热好的烤箱（温度为上火180℃，下火180℃），烤制30～40分钟。
5. 烤制成熟后取出，趁热脱模，冷却后切片。

成品特点　色泽金黄，奶香味重。

拓展品种

蓝莓松饼

原料：

黄油90克，酸奶油80克（250克奶油＋15克白醋的比例），绵白糖408克，盐2克，鸡蛋104克，面粉400克，泡打粉16克，苏打粉8克，牛乳330克，蓝莓适量。

制作过程：

1. 将面粉、泡打粉混合后一起过筛。
2. 将盐、黄油、绵白糖、酸奶油、苏打粉倒入打蛋缸中慢速搅拌均匀。

3. 分次缓缓地把蛋液倒入打蛋缸中，搅拌均匀，再加入一半面粉和一半牛乳混合均匀后，再加入剩下的一半面粉和一半牛乳，慢速搅拌均匀即可。
4. 将面糊倒入容器中，冷藏至少4小时。
5. 将纸杯整齐放入烤盘，把面糊装入裱花袋中，挤入纸杯七分满，放蓝莓装饰，然后放入平炉，175～180℃烘烤25～35分钟，呈金黄色成熟即可出炉。

成品特点　口感松软，蓝莓酸甜。

任务4 传统及特色蛋糕

欧美国家对蛋糕充满热爱，因此蛋糕在其发展过程中，逐渐形成了一些传统和特色的品种，由于这些品种的口感和口味能够被大众接受，因此很快在全世界风靡起来。

制作实例

扫描二维码
观看制作视频

布朗尼蛋糕

原料：

黄油170克，黑巧克力195克，蛋液150克，绵白糖150克，低筋面粉58克，泡打粉4克。

制作过程：

1. 将黄油和黑巧克力一起倒入不锈钢盆中隔水加热融化搅拌至无颗粒。
2. 将蛋液倒入盆中，加入绵白糖，用打蛋器搅拌，倒入黑巧克力中搅拌均匀。
3. 将低筋面粉和泡打粉混合，倒入步骤2中翻拌均匀，用保鲜膜包住放冰箱冷藏30分钟。
4. 取出后倒入裱花袋，再挤入模具中至七分满，用风炉180℃烤15分钟左右。
5. 烤好后取出放凉后冷却脱模。

成品特点　口感湿润，巧克力味道浓郁。

拓展品种

黑森林蛋糕

原料：

蛋清5个，蛋黄5个，绵白糖50克，盐1克，低筋面粉78克，色拉油43克，牛乳60克，可可粉10克，樱桃馅、淡奶油、糖粉、巧克力碎、车厘子（草莓）各适量。

制作过程：

1. 将低筋面粉、可可粉过筛，预热烤箱，温度为上火180℃，下火180℃。把樱桃馅装入裱花袋中备用，淡奶油打发，放入冰箱冷藏备用。
2. 制作巧克力海绵坯：采用海绵蛋糕打法制作面糊，将面糊倒入烤盘中铺平。烘烤12～15分钟后取出。冷却、脱模，刻三片圆形坯备用。
3. 组装：一层蛋糕坯，挤三圈奶油，每圈奶油之间有一定间隔，在间隔部分挤上樱桃馅并填满，上面盖一层蛋糕坯，以此类推，三层坯，两层馅料。
4. 装饰：把加好馅的蛋糕坯表面四周抹上一层奶油后，周边粘上巧克力碎，表面挤奶油花，用整颗车厘子或草莓装饰，最后筛上一层防潮糖粉即可。

成品特点　巧克力味浓郁，口感酸甜。

重芝士蛋糕

原料：

饼干250克，融化黄油50克，奶油芝士1000克，绵白糖215克，鸡蛋100克，淡奶油325克，果膏适量。

制作过程：

1. 将奶油芝士取出解冻。预热烤箱，温度为上下火160℃。

2. 取一个8寸活动模具，将模具底部及内侧四周均匀抹上一层黄油，饼底部分中饼干打碎后加入融化黄油，拌匀倒入模具底部，用小勺压平整，放冰箱冷冻备用。
3. 芝士面糊制作：将奶油芝士与绵白糖搅拌均匀，打发至柔软均匀无颗粒状。鸡蛋分次加入芝士当中，中速搅打均匀。再加入淡奶油搅拌均匀。
4. 搅打好的芝士面糊倒入模具放入烤箱烘烤60分钟左右，至表面上色即可取出。
5. 冷却后脱模，刷果膏增亮。

成品特点 奶香味浓，口感酸甜。

日式轻乳酪蛋糕

原料：

戚风蛋糕坯4片，奶油乳酪105克，牛乳40克，黄油20克，蛋清100克，蛋黄30克，低筋面粉30克，绵白糖30克，柠檬汁2克。

制作过程：

1. 取6寸模具，将模具底部及内侧四周均匀抹上一层黄油，模具底部用铝箔纸包起一定深度，放上一片蛋糕坯备用。烤箱预热，温度为上火150℃，下火150℃。
2. 低筋面粉过筛后加入牛乳和溶化后的黄油，搅拌均匀无颗粒状，加入蛋黄成蛋黄糊。
3. 将奶油乳酪打润滑，无颗粒状后，倒入蛋黄糊中，搅拌均匀。
4. 将绵白糖分三次加入蛋清中，高速搅打成中性发泡，分三次把打好的蛋清与芝士蛋黄部分拌匀，加入柠檬汁。
5. 拌好的芝士面糊倒入模具中至七分满，放入烤箱，隔水烘烤60分钟左右，至表面金黄色成熟即可取出，趁热脱模。

成品特点 入口即化，口感膨松，有淡淡的乳酪香味。

项目三
点心制作工艺与制作实例

【项目描述】

点心类是以黄油或白油、绵白糖、鸡蛋、富强粉为主料和一些其他辅料（如果料、香料、可可等）而制成的一类形状小、式样多、口味酥脆香甜的西点。本项目主要包括起酥点心类，派、挞类，曲奇饼干类，泡芙类，冷冻甜点和巧克力类西点六个任务。

【学习目标】

1. 通过学习，会制作起酥点心。
2. 通过学习，会对派、挞进行分类，并会制作派和挞。
3. 通过学习，会制作曲奇饼干和泡芙。
4. 通过学习，会制作冷冻甜点和巧克力类西点。

任务1　起酥点心类

起酥点心，又称清酥制品、丹麦酥，是传统西式点心。这类点心以独特的酥层结构在西点中别具一格。起酥面团是由水油面团（或水调面团）包裹油脂，再经反复擀制折叠，形成一层面与一层油交替排列的多层结构，最多可达1000多层。其成品体轻、层次清晰、入口香酥脆而爽口。

起酥点心类工艺流程如下：

原料准备→调制面团→包油→擀开、折叠→擀开折叠（反复多次）→成形（造型）→烘烤→装饰→成品。

制作实例

扫描二维码
观看制作视频

拿破仑酥

原料：

高筋面粉250克，低筋面粉250克，盐12克，水190克，黄油150克，片状黄油250克，糖粉少许。

制作过程：

1. 将高筋面粉、低筋面粉、盐、水和黄油放入搅拌机中，慢速搅拌成光滑的面团，取出将面团搓圆，压平包上保鲜膜松弛20分钟，放入冰箱冷藏2小时左右。
2. 将冷藏后的面团取出，放在开酥机上擀成比片状黄油大三倍的长方形，叠入片状黄油，折叠开酥，三折三次，每折一次放冰箱冷冻30分钟。
3. 将冷冻后的千层酥面团用开酥机擀成厚度为2~3毫米的薄片，用叉子戳出小孔，均匀地筛上糖粉，上面再压个烤盘，放入烤箱以上火220℃，下火180℃，烘烤20分钟。
4. 烤好取出后，将酥皮切成10厘米长、5厘米宽的小酥皮，先取一张酥皮均匀地挤上奶油，放入第二层酥皮，再均匀挤上奶油后放第三层酥皮，用糖粉进行装饰即可。

成品特点 口感酥脆香甜，酥皮松脆。

拓展品种

蝴蝶酥

原料：

低筋面粉1000克，盐12克，乳粉30克，水500克，黄油100克，鸡蛋60克，绵白糖100克，片状黄油350克，粗砂糖适量。

制作过程：

1. 将片状黄油从冰箱中取出，用擀面杖敲柔韧，敲打成正方形。烤箱预热，温度为上火210℃，下火180℃。

2. 将除片状黄油外的所有原料倒入打面缸中，慢速搅拌6分钟，成团即可，放冰箱冷藏30分钟。
3. 取出面团，包入敲好的片状黄油，将面团对折，上面撒上粗砂糖，再对四折，用擀面杖擀成3毫米厚的面皮。切成10厘米×60厘米大小的长方形。
4. 将擀好的千层酥皮横放，均匀打孔、均匀涂上蛋液，撒上粗砂糖，将长边两端向中央卷制，卷的过程中用手掌向下压，使各层紧密贴合。中缝处刷上蛋液粘连在一起后放入冰箱冷冻成形。
5. 从冰箱取出，用快刀切成6毫米厚的片，切面向上摆放在烤盘上。烤制10～15分钟。

成品特点　口感酥脆香甜。

芝士酥条

原料：

低筋面粉1000克，盐12克，乳粉30克，水500克，黄油100克，鸡蛋60克，绵白糖100克，片状黄油350克，芝士粉适量。

制作过程：

1. 将片状黄油从冰箱中取出，用擀面杖敲柔韧，敲打成正方形。烤箱预热，温度为上火210℃，下火180℃。
2. 将除片状黄油外的所有原料倒入打面缸中，慢速搅拌6分钟至成团即可，放入冰箱中冷藏。
3. 取出面团，包裹片状黄油，按照折三折→折四折→折三折的顺序折叠，擀成约3毫米厚的面皮，放入冰箱中冷藏一晚。
4. 酥皮取出后用滚针打孔，切成1厘米宽的长条状。表面刷全蛋液后，撒上芝士粉，拿起切好的长条，两端往相反的方向扭，然后放置在烤盘上，两端用力按压在烤盘上。
5. 将芝士条生坯放入烤箱中烘烤10～15分钟，至金黄色后取出。

成品特点　口感松脆香甜，奶香味重。

任务2 派、挞类

派（Pie），俗称馅饼，是西方油酥类点心的代表，是西餐宴会、自助餐、零点餐厅和欧美人家庭中的常用甜点。它是以面粉、奶油、糖等为主要原料调制面团，经擀制、成形、填馅、成熟、装饰等工艺制成的一类酥松而有层次的点心。一般每只可供8人或10人食用。

挞（Tart）也称塔，属于派类，有一种误解认为挞是一种典型的欧洲派，比较两个名称和用途，可以发现，挞比派的模具小而深。派的含义多用于双皮派，并且是切成块状的；挞多用于单皮的馅饼，或比较薄的双皮圆馅饼，或整只小圆形及其他形状（如椭圆形、船形、带圆角的长方形等）。两者都是由皮和馅两部分组成。派与挞的品种风味，很大程度上是通过馅心来变化的。常用的馅料有各种水果馅、果仁馅、卡仕达馅、蛋糕面糊馅、蛋白膏、奶油霜、慕斯等。

一、派、挞的分类

1. 按口味分

可把派分为甜和咸两种。甜的作为点心，而咸的多作为菜肴食用。甜的大多选用各种水果、巧克力、椰子、蛋黄忌廉、打起的鲜奶油、蛋黄糖等作为馅心和配料。咸的则用猪肉、火腿、家禽肉、鸡肝泥、海鲜类、乳酪以及蔬菜等作为馅心。

2. 按形状分

可把派分为单皮派和双皮派。单皮派由派皮与派馅两部分组成。双皮派以水果派为主，往往在馅料上面加盖一层派皮，或者使用格子网状派皮。

3. 按烘烤方法分

将派分为烘烤派类和非烘烤派类。烘烤派是将生派皮填入馅料后烘烤而成的派，非烘烤派的派皮是事先烤好的，把馅料填入事先烘烤好的派皮中，经冷藏后，馅料变成固态装饰后供食用。

另外，派还有酥皮派等。酥皮派有几种，最简单的是直接用酥皮作为派皮，中间放入馅料烘烤后食用，也有做成长条形的派，用酥皮做成长方形，两边用长条酥皮刷上蛋液贴上，进烤炉烤熟、焗黄，中间配上蛋黄忌廉、鲜奶油等作为馅心，表面用水果作装饰，常用水果有菠萝、橘子、黄桃等，水果要求排列整齐，刷上吉利冻，开刀切成长方块，裱上鲜奶油花，点上樱桃即可。

二、派、挞工艺流程

1. 烘烤派工艺流程

原料称量→混合成团→冷藏→擀皮→放入派盘→装馅（盖皮）→烘烤→冷却→装饰。

2. 非烘烤派工艺流程

原料称量→混合成团→冷藏→擀皮→放入派盘→烘烤→冷却→装馅→冷藏→装饰。

三、派、挞类的制作工艺

1. 咸派皮

将低筋面粉过筛，冷藏黄油切成小块，加入粉料中，在黄油的表面均匀粘裹一层面粉，将冰水与盐徐徐加入粉料中，用橡皮刮刀搅拌均匀，直到成团。面团装入塑料袋中用擀面杖轻轻拍打成四方形，放入冰箱冷藏40分钟后取出，将面团放在撒好面粉的工作台上，擀成7~8毫米的厚度，将派皮折成三等份，回冰箱冷藏15分钟，重复操作3次后冷藏备用。派皮酥松的秘诀就是要保持面团的温度够低，奶油颗粒的大小要合适。面团温度太高，奶油会融化而被粉类吸收，而致使层次不够，也可能变成饼干状。和面一定要用冰水，擀平面团，折三折后要放回冰箱冷藏一下，派皮才会酥松有层次。

2. 甜派皮

（1）油、面粉搓入法 将面粉和糖粉筛匀，放于案板上，黄油放在面粉上，用面刀将黄油切碎，用手将黄油搓入面粉中呈细沙状，放入鸡蛋，用堆叠法按成面团，混合均匀即可入冰箱冷藏。面团不能过多揉搓，揉搓容易产生面筋，会使派皮在烘烤过程中收缩，影响美观，而且烘烤后的派皮口感发硬，不够酥松。

（2）油、糖搅拌法 黄油加糖粉拌和均匀呈乳白色油膏状，加入蛋黄一起混合均匀。低筋面粉过筛，加入油膏中轻轻拌和成团，用保鲜膜包好，冷藏备用。此法多用于大量生产，面团存于冰箱，需要用时取出。

制作实例

扫描二维码
观看制作视频

奶油水果挞

原料：

挞皮：低筋面粉525克，杏仁粉75克，黄油270克，糖粉210克，全蛋105克，盐3克，芒果丁适量。

奶油：淡奶油100克，绵白糖10克。

制作过程：

1. 将黄油、盐和糖粉倒入搅拌机搅拌均匀后，分三次加入全蛋，搅拌均匀。
2. 将杏仁粉和低筋面粉过筛，加入步骤1中的蛋糊中低速搅拌均匀。
3. 将面糊放烤盘，放入冰箱里冷冻20分钟。

4. 将面团取出，擀成3毫米厚的面皮，用套模切成圆形状，覆盖在挞模上，挞壳内包上油纸，上面压重物（如绿豆），放入烤箱，上火160℃，下火160℃，烤制30分钟左右。
5. 打发奶油：将淡奶油和绵白糖一起倒入打蛋缸中先慢速打出大泡，转快速打发。
6. 烤好的挞取出放凉后，放上打发的奶油和芒果进行装饰。

成品特点 口感酥脆。

拓展品种

核桃挞

原料：

馅料：鸡蛋200克，绵白糖210克，玉米糖浆280克，黄油105克（融化），香草精2滴，黑朗姆酒10克，山核桃碎适量。

挞皮：低筋面粉300克，黄油200克，蛋黄20克，鸡蛋50克，盐5克，牛乳50克。

制作过程：

挞皮制作：

1. 将蛋黄、鸡蛋和牛乳混合均匀。
2. 将软化后的黄油倒入打蛋器中加入盐快速搅拌，缓缓倒入步骤1的混合物，混合均匀后倒入过筛后的低筋面粉，慢速搅拌均匀。
3. 冰箱冷藏半小时后，取出擀至3毫米厚覆盖在挞模上，制成挞壳。

馅料制作：

1. 将鸡蛋、绵白糖和玉米糖浆拌匀后加入黑朗姆酒和香草精混合均匀。
2. 把黄油倒入步骤1的混合物中混合均匀，待用。
3. 把山核桃碎放入贴好挞皮的模具中，倒入适量的馅料。
4. 平炉180℃，烤制48～50分钟。

成品特点 口感酥脆。

苹果派

原料：

甜派皮1块，苹果6个（去皮去核），绵白糖75克，肉桂粉3克，鸡蛋液、糖粉、杏仁片各适量。

制作过程：

1. 苹果去皮切成小丁。
2. 将绵白糖倒入厚底锅中，小火炒成焦糖色后倒入苹果丁。
3. 煮至微软后把苹果汁倒出，再加入肉桂粉炒制均匀，离火放凉。
4. 将派皮擀成3毫米厚的皮，将苹果馅倒入铺好派皮的派盘中，压紧，将剩余的派皮擀成面皮，并切成1厘米宽的长条，将派条排成网状，盖在苹果馅上，去掉边角料，边缘用鸡蛋液粘好，送入200℃烤箱烘烤约20分钟即可。
5. 冷却后表面撒防潮糖粉装饰，或刷镜面果胶，用杏仁片装饰。

成品特点 口感酥脆，味道酸甜。

任务3 曲奇饼干类

曲奇，来源于英语COOKIES的音译，意为“细小的蛋糕”，第一次制作的曲奇是由数片细小的蛋糕组合而成，据考证，是由伊朗人发明的。20世纪80年代，曲奇由欧美传入中国，21世纪初在中国香港、澳门、台湾等地掀起热潮，随之不断流行开来。

在欧美，过节时，为了向爱人和朋友表示心意和尊敬，女孩子会前往曲奇作坊，在导师的督导下，亲自烘焙味道诱人的曲奇送给他们。但在中国，情况有了变化，人们选择在网上订购一些曲奇，配上精美的包装送给另一半。

曲奇饼干是一类非常传统的西式点心，西方人至今仍然将它作为饮茶和咖啡时的点心，甚至在一些开香槟庆祝的场合，也会配上一些饼干。随着科学技术的飞速发展，新技术不断涌现，在饼干的花色品种、饼干生产机械化与联动化上都有高度发展。饼干的花色品种至今已发展到上千种之多，主要品种有硬性饼干、软性饼干、苏打饼干、起酥饼干、华夫饼干、夹心饼干、巧克力涂挂饼干等。近年来，由于欧美人顾忌高胆固醇与肥胖病，重油重糖的曲奇饼干的销售直线下降，低油低糖的高蛋白粗饼干受到人们的欢迎，特别是天然蔬菜或果汁制成的饼干更走俏，开发天然营养植物性的饼干品种成了各国研究的新课题。

曲奇饼干类工艺流程如下：

面团调制→成形→装盘→烘烤→装饰→包装。

制作实例

蔓越莓饼干

扫描二维码
观看制作视频

原料：

黄油125克，绵白糖75克，蛋黄27克，低筋面粉175克，蔓越莓（切碎）50克。

制作过程：

1. 室温软化黄油并打散，倒入打蛋缸中，加入绵白糖，用搅拌机中速打发。
2. 倒入蛋黄，继续打匀。
3. 倒入低筋面粉和蔓越莓干，继续打匀成蔓越莓糊。
4. 将蔓越莓糊取出放在保鲜膜上揉成长条圆柱形，放入冰箱冻硬。
5. 将冻硬的蔓越莓糊取出撕掉保鲜膜，切片摆在烤盘上，放入160℃风炉中烤12分钟左右。

成品特点 酸甜可口，口感酥脆。

拓展品种

黄油曲奇

原料：

黄油120克，盐1克，糖粉50克，香草精1克，蛋黄1个（12～15克），低筋面粉130克。

制作过程：

1. 将黄油和盐混合均匀打发至颜色稍微发白，糖粉过筛分两次加入搅拌均匀即可。
2. 加入蛋黄和香草精，搅打均匀即可（少量盐可以和蛋黄放一起）。
3. 低筋面粉过筛后分三次加入，用低速搅拌。

4. 用刮板抹开面糊确认没有颗粒。
5. 放入裱花袋用八齿裱花嘴挤入烤盘（逆时针挤、烤盘上放油布或者油纸），放入160℃风炉中烤12分钟左右。

成品特点 奶香味重，口感酥脆。

核桃饼干

原料：

黄油125克，糖粉75克，低筋面粉175克，蛋黄27克，核桃仁500克。

制作过程：

1. 将核桃仁烤熟，切碎备用。
2. 室温软化黄油，先把黄油打散，用打蛋器搅拌，再用划板拌匀。
3. 糖粉与黄油搅拌均匀（用打蛋器打到稍微发白即可）。
4. 分两次加入蛋黄，防止油水分离，搅拌均匀即可，不可过度搅拌。
5. 加入过筛的低筋面粉搅拌均匀。
6. 把核桃仁倒入面糊中搅拌均匀。将面糊倒在平铺的保鲜膜上面，整形成宽和高各3.5厘米的长方体后入放冰箱冷冻。
7. 冷冻好的面糊切成约0.5厘米厚的片，均匀地摆在烤盘中，放入风炉160℃烘烤15分钟左右即可取出。

成品特点 色泽金黄，松脆酥香。

法式马卡龙

原料：

杏仁粉125克，糖粉225克，蛋清110克，绵白糖30克，蛋白粉5克，甘纳许、红色素少许。

制作过程：

1. 面盆洗净，不可有任何污物残留，并将水分擦干。准备好裱花嘴和裱花袋。预热烤箱，温度为上下火150℃。

2. 将绵白糖和蛋白粉混合均匀，倒入搅拌机中。
3. 将蛋清倒入搅拌机中一起慢速打发。
4. 将杏仁粉、糖粉混合均匀，分次倒入打发后的蛋清中，翻拌20次，混合均匀，加入甘纳许和红色素。
5. 将膏料装入裱花袋中，使用圆形裱花嘴，垂直将面糊挤到不粘烤布上，挤好后，180°旋转烤盘将气泡均匀振出，如果还有气泡，可用牙签将其挑破。
6. 将挤好的马卡龙静置，直到用手指轻按时，不粘手，外表还有一层软壳，来回轻抚不变形，轻按可回弹即可。
7. 将马卡龙生坯放入烤箱（上下火160℃）烘烤15分钟左右。
8. 馅料装入裱花袋中挤在马卡龙中间，即制作完成。

成品特点 外脆内柔，精致小巧。

任务4 泡芙类

泡芙（puff）是一种源自意大利的甜食，又称气鼓、哈斗，是以水或牛乳加黄油煮沸后烫制面粉，搅入鸡蛋，通过挤糊、烘烤或炸制、填馅料等工艺而制成的一类点心制品。泡芙是常见的西式甜点之一，具有外表松脆、色泽金黄、形状美观、食用方便、品味可口的特点。根据所用馅心的不同，它的口味和特点也各不相同，常见的口味品种有鲜奶油泡芙、香草水果泡芙、巧克力泡芙以及日式泡芙等。正统的泡芙，因为外形长得像圆圆的甘蓝菜，因此法文又名CHOU，而长形的泡芙在法文中叫ECLAIR，意指闪电，不过名称的由来不是因为外形，而是法国人爱吃长形的泡芙，总能在最短时间内吃完好似闪电般而得名。在法国，泡芙是象征吉庆、示好的甜点，在节庆典礼场合如婴儿诞生或新人结婚时，都习惯将泡芙蘸焦糖后堆成塔状，称为泡芙塔，象征喜庆与祝贺之意。

泡芙吃起来外热内冷，外酥内滑，口感极佳。在制作泡芙时，首先用水、奶油、面粉和鸡蛋做成面包，然后将奶油、巧克力或冰激凌通过注射灌进面包内即成。在泡芙上，可以撒上一层糖粉，还可放干果仁、巧克力酱、椰蓉等。

泡芙的工艺流程如下：

烧水化油→烫面→搅拌→边搅拌边加入鸡蛋→成形→烘烤→注馅、装饰→成品。

制作实例

扫描二维码
观看制作视频

酥皮泡芙

原料：

酥皮：黄油150克，黄糖190克，高筋面粉190克。

泡芙糊：水185克，牛乳60克，黄油100克，绵白糖7克，高筋面粉150克，全蛋250克。

奶油：淡奶油200克，绵白糖20克。

制作过程：

1. 将黄油、黄糖和高筋面粉放入搅拌机中搅拌成团，取出放在油纸中，擀至3毫米厚，放冰箱冷冻备用。
2. 将水、牛乳、绵白糖和黄油放入厚底锅中加热至沸腾。
3. 离火，加入高筋面粉快速搅拌至无颗粒状。开中火一边加热一边搅拌，直到锅底结一层皮，面糊不粘锅能翻动为止。
4. 将面糊倒入搅拌机（用扇形头），中速搅拌至40℃左右，倒入搅拌好的蛋液，搅拌成倒三角形状即可。
5. 将泡芙糊倒入裱花袋中，用圆形裱花嘴挤在烤盘上。
6. 将冷冻的酥皮取出，用套模刻好盖在泡芙上，放入预热好的烤箱（上火190℃，下火180℃），烤制35分钟左右。
7. 打发奶油：将淡奶油和绵白糖一起倒入打蛋缸中先慢速打出大泡，转快速打发。
8. 烤好后取出，冷却之后，从底部挤入奶油。

成品特点　外壳酥脆，内馅细腻。

拓展品种

奶油泡芙

原料：

水250克，黄油110克，盐5克，绵白糖5克，低筋面粉150克，鸡蛋4～5个，打发的淡奶油。

制作过程：

1. 将低筋面粉、盐过筛。预热烤箱，温度为上火190℃，下火190℃。
2. 黄油切小块和盐、水、绵白糖放入厚底锅中加热至沸腾。
3. 离火，加入过筛后的面粉快速搅拌至无干粉。
4. 中火一边加热一边搅拌，直到锅底结一层皮，面糊不粘锅能翻动为止。
5. 将面糊倒入搅拌机（用扇形头），中速搅拌至40～50℃。
6. 先把两个鸡蛋打在一起搅拌均匀备用。剩下的鸡蛋一个个地放入搅拌机中，加一个拌匀一个，最后再分次加入备用的鸡蛋，搅拌成倒三角形状即可。
7. 把制作好的面糊转移到裱花袋中，用圆形直裱花嘴垂直烤盘挤出圆球形均匀的泡芙坯，然后用手指蘸点水把泡芙挤出的尖头抹平，保证烤出来的泡芙均匀美观。
8. 将制作好的泡芙放入烤箱，烘烤20～25分钟，待表面金黄色取出。
9. 将打发的淡奶油转移至裱花袋中挤入泡芙中并根据要求进行装饰即可。

成品特点　外壳酥脆，馅心口感润滑。

天鹅泡芙

原料：

水250克，黄油110克，盐5克，绵白糖5克，低筋面粉150克，鸡蛋4～5个，淡奶油250克，糖粉15克，巧克力酱、红果酱各适量。

制作过程：

1. 将低筋面粉过筛备用。
2. 将黄油、盐、水加入锅中，中火加热至沸腾后转小火。将低筋面粉倒入锅中，用橡皮刮刀快速拌匀至无干粉。面团离火凉凉，将鸡蛋液分3～4次加入碗中，一边加入一边搅拌，搅打成均匀顺滑的面糊。
3. 面糊装入圆形裱花嘴的裱花袋中，在不粘布上挤出直径为2.2厘米的圆形再往后抻成水滴形，形成天鹅的身体部分。放入190℃烤箱烤15分钟左右，熄火后余温再焖10分钟，取出凉凉。
4. 面糊倒入装有口径3毫米圆形裱花嘴的裱花袋中，先挤S形的颈部，然后在S的顶端反向挤出一个小水滴状作为天鹅的头部。放入烤箱180℃，烤5～8分钟后取出。
5. 淡奶油加入绵白糖，高速搅打至出现硬性花纹。将打发奶油装入裱花袋中，配齿状裱花嘴。

将泡芙从中下层对剖，再将上面一半再对剖。将底部那一半挤入打发奶油，再将天鹅的颈部插入前部，然后装上两瓣翅膀，最后用裱花袋挤少许巧克力酱点上眼睛，头顶挤上红果酱，撒糖粉装饰即可。

成品特点　外酥内滑。

任务5　冷冻甜点

冷冻甜点是用糖、水（果汁、牛乳）、明胶（琼脂）、食用色素、香精等原料按一定比例调制而成，并可搭配其他原料或其他制品的一种甜点。特点是甜酸适度、凉爽可口、细腻光滑、入口即化。冷冻甜点的品种很多，由于它们在原料、制作方法等方面有许多相同之处，在口味、口感等方面的差别也不明显，所以一些冷冻甜点很难有明确的分类。

冷冻甜点是靠胶凝剂（明胶、蛋黄、玉米淀粉、果胶等）的凝胶作用凝固而成的，利用这一特性，可使用不同的模具，制作出风格、形态各异的成品。

一、果冻

果冻是一种西方甜食，呈半固体状，由食用明胶加水、糖、果汁制成。果冻也称啫喱，外观晶莹，色泽鲜艳，口感软滑。常见的果冻类甜点主要有：水果果冻、果汁果冻、甜酒果冻、椰奶果冻、西米果冻等。

果冻完全靠明胶的凝胶作用凝固而成，使用不同的模具，可生产出风格、形态各异的成品。一般情况下，果冻制品要经过果冻液调制、装模、冷藏等加工工序制作而成。

果冻的调制方法较简单，一般先将明胶（琼脂）溶化，然后倒入煮沸的液体材料中溶化，再加入所需要的调料、配料，即成混合的果冻液。果冻液的调制方法，根据所用的凝固原料的不同可分为以下两种。

（1）使用果冻粉　使用果冻粉调制果冻液是最方便、最省时的方法。果冻粉已经配制好，使用时只需按照产品包装上的使用说明，用量配比表使用即可，使用起来很方便。

（2）使用明胶（琼脂）　使用明胶（琼脂）制作果冻是目前较常用的方法。需要先把明胶（粉、片）用凉水泡软，然后再调制。因为果冻是一种凝结的半固体食品，只有在保证基本使用量的基础上才能形成制品特点，所以，果冻内部的胶体结构和硬度（稠密度）与明胶（琼脂）液体有关。一般情况，明胶（琼脂）液占全部液体浓度的2%时，才能使液体基本凝固，随着明胶

（琼脂）的浓度不断增加，制品的凝胶作用逐渐增强。果冻的工艺流程为：

调制果冻液→装模→冷藏定型→脱模→装饰。

二、慕斯

慕斯是一种奶冻式的甜点，与布丁一样属于甜点的一种，其性质较布丁更柔软，入口即化。慕斯可以直接吃或做蛋糕夹层。通常是加入奶油与凝固剂来制成浓稠冻状的效果，是用明胶凝结乳酪及鲜奶油而成，不必烘烤即可食用。

慕斯是将鸡蛋、奶油分别打发充气，与其他调味品调和而成的松软型甜食。奶油含量很高，软滑细腻。慕斯的品种很多，有各种水果慕斯、巧克力慕斯以及各种造型的慕斯蛋糕。冷冻甜点的制作方法千变万化，即使是同一类制品也可以有不同的配方，可以使用不同的器皿盛装，采用不同的造型和装饰方法。冷冻类甜品常用作西式各类自助餐甜点，也常用于各类餐会的甜品之中。

由于慕斯的种类多，配料不同，调制方法各异，所以很难用一种方法概括。但一般规律是：先把明胶（片、粉）用水融化，然后根据用料，有蛋黄、蛋清的，将蛋黄、蛋清分别打起。有果碎的，把果肉打碎，并加入打起蛋黄、蛋清；有巧克力的，将巧克力融化后与其他配料混合。最后将打起的鲜奶油与调好的半成品拌匀即可入模。明胶的用量可以根据慕斯成形的效果合理掌握，但不宜过多，否则产品凝固性太强，食用时会产生韧性，失去慕斯的原有品质和特性。

制作实例

扫描二维码
观看制作视频

草莓慕斯

原料：

海绵蛋糕坯1个，草莓果泥385克，马斯卡彭乳酪120克，绵白糖83克，吉利丁片10克，淡奶油270克，君度酒10克，柠檬汁5克。

制作过程：

1. 将草莓果泥和绵白糖隔水溶化，搅拌均匀后加入泡软的吉利丁片，继续搅拌溶化后隔温水保温备用。
2. 将马斯卡彭乳酪倒入步骤1中的草莓果泥中，隔热水打润滑后，保温备用。
3. 将淡奶油中速打发至鸟喙状，先将一半淡奶油倒入步骤2中的糊中，用切拌法搅拌均匀，再倒入剩下的淡奶油，翻拌均匀。

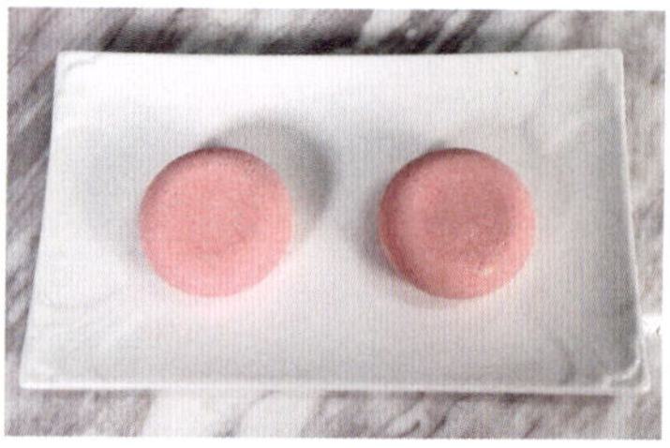

4. 加入柠檬汁搅拌均匀，再倒入君度酒搅拌均匀。
5. 将海绵蛋糕坯按摸，将步骤4中的糊倒入裱花袋，挤入准备好的慕斯模具中，将切好的蛋糕坯旋转轻按在慕斯模具中，放进冰箱冷藏约3小时或冷冻30分钟左右直到凝固。
6. 凝固后取出脱模，装盘即可。

成品特点　口感酸甜，果香味重。

拓展品种

蓝莓布丁

原料：

纯净水700克，牛乳200克，淡奶油100克，绵白糖180克，镜面果胶80克，蓝莓果泥300克，蓝莓果酱120克，吉利丁片25克。

制作过程：

1. 将吉利丁片用冰水浸泡，蓝莓果泥隔水化开备用。
2. 将水、绵白糖、牛乳、淡奶油、镜面果胶倒入厚底锅中加热烧开后离火。
3. 将浸泡软化的吉利丁片加入步骤2中，搅拌均匀。
4. 将蓝莓果泥、蓝莓果酱倒入混合均匀。
5. 倒入玻璃容器中，放入冰箱，0～4℃下冷藏3～5小时，凝固后取出。
6. 布丁表面浇上适量的蓝莓果酱对其进行装饰。

成品特点　口感冰凉，适合盛夏食用。

巧克力慕斯杯

原料：

黑巧克力220克，蛋黄225克，绵白糖30克，淡奶油1100克，吉利丁片20克。

制作过程：

1. 将900克淡奶油打发至有纹路，盖保鲜膜放冰箱冷藏。
2. 将吉利丁片用冰水软化备用。
3. 将黑巧克力隔40～45℃的热水融化。
4. 将200克淡奶油加入黑巧克力中到冒烟。
5. 将蛋黄、绵白糖倒入搅拌机中打发至发白。再将煮制好的淡奶油缓缓倒入快速打发白，膨松，取出。加入泡好的吉利丁片，搅拌均匀，再倒入融化后的黑巧克力，翻拌均匀。
6. 将打发后的淡奶油取一半倒入巧克力蛋黄糊中翻拌均匀，再把剩下的淡奶油倒入翻拌均匀。
7. 挤入杯子中，冷藏。
8. 用打发的奶油、水果、巧克力插件进行装饰。

成品特点 巧克力味浓郁，口感丝滑细腻。

任务6 巧克力类西点

巧克力（Chocolate）自古以来都备受人们的广泛推崇与热烈追捧，成为甜点调味时不可或缺的伴侣和浪漫爱情中频频登场的礼物。巧克力制品是各类高档次的宴会、酒会、自助餐等用餐形式的常用制品。通常利用各种相宜的糖果、果仁或手工馅心作为馅料，在表面以不同的工艺方法覆盖上不同类型的巧克力，或在不同类型的巧克力中间注入不同馅料，或在各种不同类型的巧克力上混合各种不同类型的果仁而制成不同形状、不同口感和不同风味的花色品种。

一、巧克力类西点制作原理

巧克力的熔点很低，40～50℃就会融化，当冷却到室温时，它又会凝固。巧克力类西点就是利用巧克力融化—调温—凝固这一特点来进行制作。巧克力含有大量的可可脂，可可脂的特性是巧克力最重要的特性。可可脂由多种脂肪酸构成，28℃时开始软化，33℃时融化为液体，它的凝固点和融化点之间是非常狭窄的。所以，通常都是采用隔水加热的方式来融化巧克力。如果直接在火上加热，底部温度太高，而巧克力的导热性能很差，底部巧克力容易煳底或烧焦。因此需要将巧克力切成比较均匀的小块，才能加速融化。此外在融化的巧克力中混入少量的水，水就会被巧克力锁住，凝固成团，产生小硬块，俗称“返砂”。只有在加入大量的高温液体时，巧克力和水才能混合在一起形成稳定的结构，就是巧克力酱（甘纳许）。巧克力储存的最佳温度为15～18℃。巧克力储存一段时间后，表面会泛白，看上去像起了一层霜，这就是可可脂的结晶，俗称油斑。这是因为不稳定的可可晶体融化移动到表面，在那里重新结晶形成的。因此，巧克力制作需要调温。所谓调温就是通过升温、冷却、再升温的过程，让巧克力的晶体全部转化为稳定晶体，使巧克力表面光滑，方便灌注模具定型，也利于快速干净地脱模，避免巧克力形成白色的油斑，更好储存。调温后的巧克力加工后凝固即巧克力制品。

二、巧克力类原料选用原则

（一）巧克力

常见的巧克力包括黑巧克力、牛奶巧克力、白巧克力。巧克力含有可可脂，天然可可脂巧克力成本较高，口感好，在西点中的运用非常广泛，适合做各种糕点的装饰物、模具巧克力，也可以做大型的巧克力中装饰物件，制作夹馅，巧克力味蛋糕、点心，裱花蛋糕、表面淋面等。代可可脂巧克力因其价格低廉、操作方便，稳定性较强，在很大程度上已经替代天然可可脂巧克力。

（二）油脂

有时在融化巧克力时，对于较稠的巧克力或存放过久的巧克力可添加适量油脂，以稀释巧克力或增加巧克力的光泽，使巧克力的颜色更深更光亮。可以添加的油脂包括液态油、可可脂（代可可脂）、黄油等。添加食用油脂的种类要灵活掌握，如果巧克力可可脂含量低，硬度不够，应添加可可脂，而巧克力在调制时过硬，则应加入适量的植物油或融化的黄油。但是值得注意的是，无论添加哪种油脂，其口味必须能够对巧克力的风味有所助益，而不能破坏巧克力的口感和口味。

三、巧克力类西点工艺流程

切碎→隔水加热融化→搅拌→调节温度→入模→冷却→成形→装饰→成品。

制作实例

费列罗

扫描二维码
观看制作视频

原料：

馅心：淡奶油300克，葡萄糖浆40克，牛奶巧克力250克，黄油50克。

费列罗糊：牛奶巧克力500克，榛子碎250克。

制作过程：

1. 将淡奶油和葡萄糖浆倒入盆中，隔水加热至40℃。
2. 将牛奶巧克力倒入加热后的淡奶油中，在中间搅拌均匀，直至巧克力完全融化，加入软化的黄油，搅拌均匀后，倒入裱花袋中，挤入灌球形模具中，冷冻。
3. 费列罗糊的制作：将牛奶巧克力倒入盆中，隔水融化后加入榛子碎拌匀即可。
4. 冷藏成形的巧克力插上牙签，放入费列罗糊中，包裹均匀后，取出插在架子上，凝固后即可。

成品特点 馅心细腻，有果仁香味。

拓展品种

模具巧克力

原料：

黑巧克力500克，淡奶油300克，葡萄糖浆40克，牛奶巧克力250克，黄油50克。

制作过程：

巧克力壳制作：

1. 巧克力模具洗净，擦干备用。将黑巧克力切碎，取2/3的黑巧克力用“双煮法”融化。待黑巧克力融化后，再放入余下的黑巧克力一起调制，搅拌至无颗粒状。
2. 将经连续调温的黑巧克力注入干净没有水的巧克力模具内，经过振动将模具中的气泡排除，将模具边缘的黏附物用刀刮干净，放入冷柜中进行冷却。

巧克力馅心的制作：

1. 将淡奶油、葡萄糖浆加热化开后冲入250克的牛奶巧克力中，搅拌均匀。
2. 倒入软化后的黄油，搅拌均匀即可。
3. 用挤袋将巧克力馅心挤入模具中8分满，冷却凝固后全部挤入黑巧克力，经过振动将模具中的气泡排除，将模具边缘的黏附物用刀刮干净，放入冷柜中进行冷却。
4. 当冷却固化的巧克力制品的透明模板从背面看出有分离的迹象时，轻轻敲打脱出巧克力，包装即可。

成品特点　巧克力壳脆，馅心细腻丝滑。

夹馅巧克力

原料：

巧克力壳，可可油50克，牛奶巧克力50克，榛子酱500克，榛子碎250克。

制作过程：

1. 将可可油、牛奶巧克力一起隔水融化（水温40～45℃）。
2. 榛子酱加榛子碎拌匀，再把步骤1的混合物倒入搅拌均匀即可。
3. 将馅料挤入巧克力壳中约八分满，挤完轻敲模具，使馅料均匀，再倒入剩余的巧克力，将表面刮干净，送入冷柜中冷却。
4. 当冷却固化的巧克力制品的透明模板从背面看出有分离的迹象时，轻轻敲打脱出巧克力，包装即可。

成品特点　馅心细腻。

参考文献

[1] 陈洪华，李祥睿．西点制作教程［M］．2版．北京：中国轻工业出版社，2020.

[2] 陈金标．烹饪原料［M］．3版．北京：中国轻工业出版社，2020.

[3] 钟志惠．西点制作技术［M］．北京：科学出版社，2010.

[4] 时蓓，钱峰，张艳．西点原料教程［M］．北京：中国轻工业出版社，2021.